3D CADでものづくりに勤しむ
すべての人に本書を捧げます。

FUSION 360™ Masters

サポートページについて

本書のサポートページでは、関連リンクや正誤表のほか、本書に収録しきれなかった作品の制作プロセスをPDFにして無償公開しています。下記URLよりアクセスしてください。

http://www.sotechsha.co.jp/sp/1163/

スマートフォンからは下記QRコードでもアクセスできます。

注意事項

- Autodesk および Fusion 360 は米国オートデスク社の米国およびその他の国における登録商標です。本文中に登場する商品・製品・創作物の名称は、関係各社の登録商標または商標であることを明記して、本文中での表記を省略させていただく場合がございます。また、関係各社のガイドラインに基づき、適切なクレジットを本文中に表記させていただいております。
- システム環境、ハードウェア環境によっては本書どおりに動作および操作できない場合があります。本書の内容は執筆時点においての情報であり、予告なく内容が変更されることがあります。
- 本書の内容の操作によって生じた損害、および本書の内容に基づく運用の結果生じた損害、使用中に生じたいかなる損害につきましても株式会社ソーテック社とソフトウェア開発者／開発元および著者は一切の責任を負いません。あらかじめご了承ください。
- 本書掲載のソフトウェアのバージョン、URL、それにともなう画面イメージなどは原稿執筆時点のものであり、変更されている可能性があります。本書の制作にあたっては、正確な記述に努めていますが、内容に誤りや不正確な記述がある場合も、当社は一切責任を負いません。

はじめに

　このたびは「Fusion 360 Masters」をご購入いただきありがとうございます。『Fusion 360』は、オートデスク株式会社が開発、販売をしている3D CADソフトで、現在世界中で利用者が増えています。

　本書は、私が日々『Fusion 360』のエヴァンジェリストとして活動する中で、このソフトをさまざまな形で活用され、素晴らしい作品を生み出されている方々にお声がけして完成しました。この本は、『Fusion 360』ユーザー様による作品集であると同時に、3Dソフトを活用するための「概念」を集約した本です。ツールの使い方を超え、モデリングやレンダリングなどの「アプローチ」を紹介していくことで、各ユーザー様が自身の思い描く形をどのように完成させていくかを追いました。そのアプローチの中には、役に立つ素敵なアイデアがちりばめられています。

　本書のコンセプトは、ツールをつないでいき、ひとつのモデルを完成させるためのチュートリアル本ではありませんが、3Dソフトの初級者の方々には刺激として、中級者から上級者の方々には気づきの素になるように心がけて編集いたしました。『Fusion 360』には、ものづくりをされる方に最適な幾つもの3Dツールが、宝箱のように詰め込まれています！　本書が皆様のものづくり熱への刺激となれば幸いです。

　それでは、「Fusion 360 Masters」をお楽しみください！

2017年4月
オートデスク株式会社
Fusion 360 エヴァンジェリスト
藤村祐爾

CONTENTS

はじめに ……………………………………………………………………………………… 003

Chapter 1
Fusion 360 Features ｜ Fusion 360 の魅力

Fusion 360とは？ …………………………………………………………………………… 008
Fusion 360の主な機能 ……………………………………………………………………… 010
Fusion 360のひろがり ……………………………………………………………………… 014

Chapter 2
Fusion 360 Masters ｜ トップクリエイターの仕事

株式会社日南 クリエイティブスタジオ・デザインダイレクター
猿渡 義市 …………………………………………………………………………………… 018

株式会社エムテド 代表取締役
田子 學 ……………………………………………………………………………………… 034

exiii 株式会社 CCO/Co-Founder
小西 哲哉 …………………………………………………………………………………… 070

Triple Bottom Line Design Director
柳澤 郷司 …………………………………………………………………………………… 086

株式会社フォトシンス 機構設計責任者／株式会社フォトシンス 共同創業者
関谷 達彦／熊谷 悠哉 ……………………………………………………………………… 100

株式会社カブク インダストリアルデザイナー
横井 康秀 …………………………………………………………………………………… 112

株式会社ILCA CG Supervisor / Modeling Supervisor
YAMAG ……………………………………………………………………………………… 126

埼玉大学工学部 メカトロニクスエンジニア
小笠原 佑樹 ………………………………………………………………………………… 156

金属造形作家
坪島 悠貴 …………………………………………………………………………………… 170

株式会社no new folk studio CTO
金井 隆晴 …………………………………………………………………………………… 188

3Dワークス株式会社 最高技術責任者
三谷 大暁 208

GEAR DESIGN グラフィックデザイナー
大上 竹彦 224

PLUSALFA フリーモデラー
秋葉 征人 238

TheMarutaWorks メイカー
圓田 歩 250

株式会社フレップテック 代表取締役
楠田 亘 262

オートデスク株式会社 Fusion 360 エヴァンジェリスト
藤村 祐爾 274

Chapter 3
Fusion 360 Partners │ ものづくりを支える人々

オートデスク認定トレーニングセンター 292
ソフトバンク コマース＆サービス株式会社 294
株式会社Too 296
株式会社ボーンデジタル 298
いわてデジタルエンジニア育成センター 300
3Dワークス株式会社 302
宮本機器開発株式会社 304
株式会社オリジナルマインド 306
プレンゴアロボティクス 308
関屋 多門 310
水野 諒大 312
仙頭 邦章 314
Autodesk Expert Elite：小原 照記 / 三谷 大暁 / 神原 友徳 316

あとがき 319

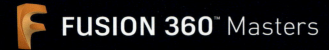

Chapter 1
Fusion 360 Features:

Fusion 360

の魅力

『Fusion 360』を導入する際には、使用料や動作環境などをあらかじめ確認しておく必要があります。また『Fusion 360』の導入を検討している方の中には、一体どのような機能が搭載されているのか、詳しくはご存知ない方もいるでしょう。そこで本章では、それらの情報を含む『Fusion 360』の概要を、簡単に紹介いたします。ものづくりの基盤として、ぜひ『Fusion 360』を活用しましょう。

無償利用も可能なクラウドベースの3D CADソフト

Fusion 360とは？

まだ『Fusion 360』を使ったことがない方に向けて、ソフトの概要を紹介します。『Fusion 360』は非営利目的なら無償で利用できるため、3D CADソフトを使ったことはないものの興味がある方、ほかの3D CADソフトからの移行を検討している方にとって、非常に試用しやすいソフトでしょう。

Fusion 360の特徴

『Fusion 360』（フュージョン・スリーシックスティ）は、オートデスク株式会社が開発および販売を行う、3D CAD、CAM、CAEを統合した世界初のクラウドベースの製品開発プラットフォーム兼アプリケーションです。工業デザイン、メカニカルデザイン、シミュレーション、そしてコラボレーションや製造まで、このソフトひとつで行えます。コンセプト設計からプロダクションまでのツールを融合した『Fusion 360』を使えば、簡単かつ素早くデザインを作れるでしょう。

また、いつでもどこでも誰とでも、クラウドを通して安全にデータをやり取りし、リアルタイムに修正できます。そのほか、VRやAR、3Dプリンターなどのハードとより密接に連携することも今後予定されています。それにより、さらなるものづくりの基盤として活用できるでしょう。

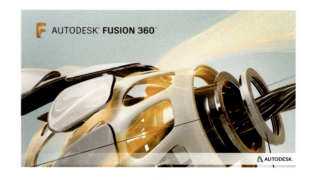

ソフトのダウンロードは『Fusion 360』のホームページ（http://www.autodesk.co.jp/products/fusion-360/overview）から行えます。なお、営利目的の場合は、月間または年間サブスクリプションライセンスを購入しなければなりません。ただし、趣味目的や非営利目的、教育機関、学生、スタートアップ（年商100,000米ドル以下）の方なら、無償で通年利用することが可能です（2017年3月末現在）。

『Fusion 360』のユーザーは世界中で増加しており、企業や個人を問わず、幅広い業界でのものづくりをサポートしています。同時に『Fusion 360』のネットワークやコミュニティも世界中に生まれており、それは常に拡大し続けています。毎月どこかで開催されているそれらのグループのイベントやワークショップに参加すれば、『Fusion 360』について気軽に学ぶ機会を得られるでしょう。

現在『Fusion 360』は、製造業やスタートアップ、趣味での利用を始めとした、ものづくりの現場で主に活用されています。今後は世界中をネットワークでつないで、デザイナーやエンジニアだけではなく、さまざまな職種の方たちが利用する、共通の開発プラットフォームになることが期待されています。

Fusion 360の料金プラン

すでに紹介した通り、『Fusion 360』は趣味目的や非営利目的、教育機関、学生、スタートアップの方なら無償利用が可能。しかしそれ以外の方は、月額または年額の使用料を支払う必要があります。また『Fusion 360』には、標準仕様のStandard版とプロ仕様のUltimate版があり、それぞれ使用料が異なります。サブスクリプションライセンスを購入する際は、機能の差をよく確認しておきましょう。なお、Ultimate版は高度なシミュレーション機能を搭載しているほか、CAM機能が拡張されているなど、大規模な製品開発ニーズに適した仕様となっています。

料金プラン詳細

Fusion 360 Standard	月額：5,400円 年額：38,880円（月々3,240円）
Fusion 360 Ultimate	月額：23,760円 年額：192,240円（月々16,020円）

※2017年3月末現在。価格は為替レートの変動により、6カ月に一度変更する可能性があります。

オートデスクは、製品およびサービスをライセンス形式およびサブスクリプション形式で提供します。無償の製品およびサービスを含むオートデスク製品およびサービスのインストール、アクセス、その他の使用に関する権利は、該当する製品またはサービス契約において、オートデスクによって明示的に許諾された権利に限定され、その使用にあたっては、該当する契約の全ての使用条件を許諾および順守いただく必要があります。サブスクリプションプランに登録する際は、利用可能な場合に限り、毎月または毎年の固定料金の支払いで自動更新される可能性があります。製品やサービスおよび言語や地域によっては、特典や購入オプションの一部がご利用いただけない場合があります。

動作環境

OS	Apple macOS Sierra（10.12）、OS X El Capitan（10.11）、OS X Yosemite（10.10） Microsoft Windows 7 SP1、Windows 8.1、Windows 10（64ビット）
CPU	64ビットプロセッサ（32ビットプロセッサはサポート外）
メモリ	3GB RAM（4GB RAM以上を推奨）
グラフィックカード	512MB GDDR RAM以上（Intel GMA X3100カード以外）
ディスクスペース	最大2.5GB
ポインティングデバイス	Microsoft製マウス、Apple Mouse、Magic Mouse、MacBook Proトラックパッド
インターネット	ADSL以上

※最新の情報は『Fusion 360』のホームページを参照してください。

対応ファイル形式

クラウド経由インポート
Alias（wire） AutoCAD DWGファイル（dwg） Autodesk Fusion 360アーカイブファイル（f3d／f3z） Autodesk Fusion 360アーカイブファイル（cam360） Autodesk Inventorファイル（iam／ipt） CATIA V5ファイル（CATProduct／CATPart） DXFファイル（dxf） FBXファイル（fbx） IGESファイル（ige／iges／igs） NXファイル（prt） OBJファイル（obj） Parasolidバイナリファイル（x_b） Parasolidテキストファイル（x_t） Pro/ENGINEERおよびCreo Parametricファイル（asm／prt） Pro/ENGINEER Graniteファイル（g） Pro/ENGINEER Neutralファイル（neu） Rhinoファイル（3dm） SAT/SMTファイル（sab／sat／smb／smt） SolidWorksファイル（prt／asm／sldprt／sldasm） STEPファイル（ste／step／stp） STLファイル（stl） SketchUpファイル（skp）
ダイレクトインポート
Fusionドキュメント（f3d） IGESファイル（igs／iges） SATファイル（sat） SMTファイル（smt） STEPファイル（stp／step）

クラウド経由エクスポート
Fusion 360 Archive Inventor 2014 IGES SAT SMT STEP DWG DXF STL FBX SketchUp OBJ
ダイレクトエクスポート
IGESファイル（igs／iges） SATファイル（sat） SMTファイル（smt） STEPファイル（stp／step） アーカイブファイル（f3d） STLファイル（stl）

※2017年3月末現在

多数用意された作業スペースの概要を紹介

Fusion 360の主な機能

無償利用が可能なうえに、サブスクリプションライセンスの料金も安価な『Fusion 360』ですが、その機能は非常に充実しています。高価な3D CADソフトと比較しても決して見劣りしません。ここでは『Fusion 360』に搭載されている機能のうち、主要なものを紹介します。

目的別に使い分ける作業スペース

『Fusion 360』にはモデルやスカルプト、レンダリングなど、さまざまな作業スペースが用意されています。それらを目的に合わせて切り替えつつ、各ツールを使えば、コンセプトデザインや設計、ビジュアライゼーション、解析、製造、データ管理、プロセス管理などを単一プラットフォームで行うことが可能です。『Fusion 360』を使いこなすためにも、各作業スペースが一体どのような機能を持っているのか簡単に紹介しておきましょう。

モデル

『Fusion 360』はソリッドモデリング、サーフェスモデリング、アセンブリをメインに、メッシュモデリングやTスプライン（ポリゴン）モデリングのほか、図面作成機能も搭載しています。そのため、設計要件を満たしている3Dデータを柔軟に作ることが可能です。また、モーションスタディやアニメーションによる挙動のチェックも行えます。そして現在、ソリッドモデリング、サーフェスモデリング、メッシュモデリング、Tスプラインモデリング間を自由に行き来することができる、ハイブリッドモデリングのコンセプトに基づいて開発が進められています。

スカルプト

　Tスプラインモデリングを使えば、アイデアを探りつつ形状を素早く描いて、それを何度も修正しながら理想とする形に仕上げていくことが可能です。有機的な形状のものをモデリングするのに、非常に適しているでしょう。ボタンひとつだけで、ポリゴンのサーフェス化やソリッド化も行えます。そのため、デザイナーとエンジニアの間をつなぐことにもなり、それによってデザインの幅をさらに大きく広げられるはずです。

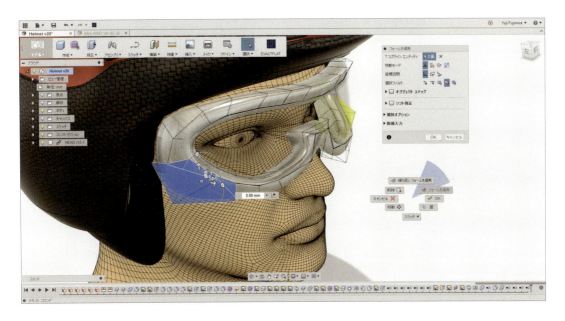

メッシュ

　3Dスキャンしたデータを読み込んで、穴埋めやメッシュ面の削除、結合を行うことができます。なお、それらの機能は『Meshmixer』の機能と同じものです。将来的にはSTL、OBJ、FBXなどの3角メッシュを4角化し、スカルプト機能を経由してソリッド化やサーフェス化も可能になる予定です。

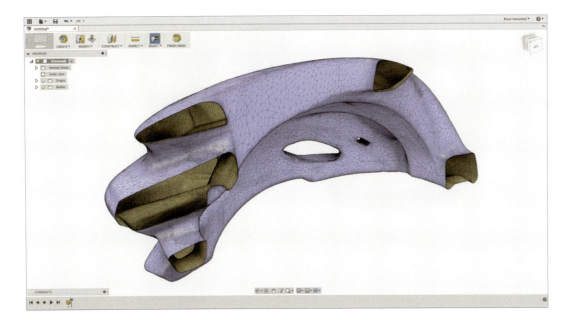

レンダリング

各パーツにガラスやプラスチック、木材、メタルなどの素材を適用して、試作モデルを作る前に見栄えを検討することができます。色や質感などを事前に検討しておけば、試作モデルとの視覚的ギャップを抑えられるでしょう。背景なども設定できるため、見栄えをより実写に近付けることも可能です。

アニメーション

部品点数の多いアセンブリでも、組み付けの手順をアニメーション機能で動画にしておけば、簡単に説明することができます。また、この機能を利用して作った部品展開図を、そのまま2次元の図面に取り込んでパーツのBOM（部品表）を作れば、より確実にパーツ数などを管理することができるでしょう。

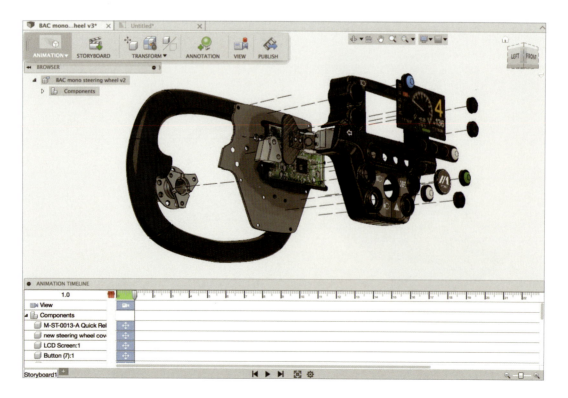

シミュレーション

『Fusion 360』は線形静解析、非線形静的応力、固有値解析、熱応力、トポロジー最適化、座屈、破断という豊富なシミュレーション機能を備えています。例えばあるパーツに負荷がかかった場合、どの部分により強い負荷がかかっているのか分析すれば、試作モデルを作る前に設計を変更できるため、大幅な時間短縮、コスト削減につながるでしょう（非線形静的応力、座屈、イベントシミュレーションはUltimate版のみの機能です）。

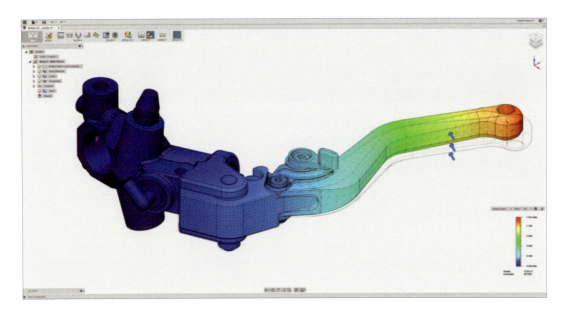

CAM

『Fusion 360』には、3DデータをCNC工作機械で加工して切削するためのパスを書き出す、CAM機能も搭載されています。データを一度書き出すことなく、『Fusion 360』の中だけで切削用のデータを作ることができるため、データ変換によるエラーを心配する必要がありません。なお、このCAM機能は、2軸・3軸・4軸・5軸それぞれの加工に対応しています（4軸・5軸の加工はUltimate版のみの機能です）。

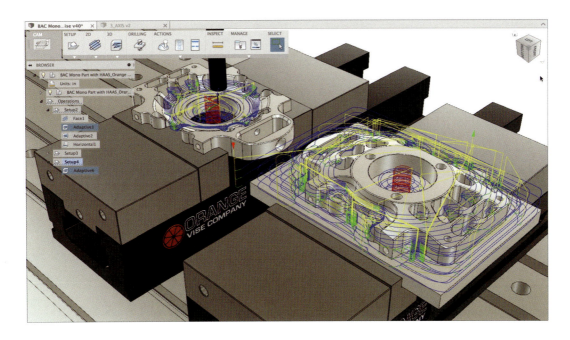

各地で開催されている関連イベントを紹介
Fusion 360のひろがり

現在『Fusion 360』は、世界中のさまざまな業界で活用されています。もちろん、日本も例外ではありません。ユーザー数の増加に伴って、各種の講習会をはじめとする多数のイベントが開催されるようになりました。ここでは、そのうちの幾つかを紹介します。

大規模な国内イベント・Fusion 360 Meetup

日本国内における『Fusion 360』の大規模なイベントには、オートデスクが公式イベントとして不定期開催している「Fusion 360 Meetup」があります。その内容は、オートデスク社員による新機能紹介、実際に『Fusion 360』を使って、ものづくりをしているユーザーによる講演など。このイベントは『Fusion 360』のさまざまな活用術を学ぶ場であると同時に、他の『Fusion 360』ユーザーとつながる場でもあります。通常、参加登録は『Fusion 360』の国内最大コミュニティである「Facebook」および「Twitter」の公式アカウント「Fusion 360 Japan」で行われています。

Facebook（左）
▶ https://www.facebook.com/Fusion360Japan/
Twitter（右）
▶ @Fusion360Japan

過去にDMM.make AKIBAにて開催された「Fusion 360 Meetup」の様子。

多種多様なニーズに応えるFusion 360

　製造業に携わる多数の方たちが、『Fusion 360』を活用しています。製造業の中でも、特にコンシューマープロダクト、医療機器、家具、パッケージなどのデザインや設計の現場で多く利用されており、モデリングはもちろんのこと、解析機能やCAM機能も役立っています。そんな現状も影響して、最近は産業技術センターやものづくりコミュニティが主催する『Fusion 360』の講習会も、頻繁に開催されるようになりました。

　その一方で『Fusion 360』は個人利用も盛んです。ワンダーフェスティバルで販売するガレージキットのデータ作成や、コスプレ用の小道具のデザインなど、メーカーズや趣味の現場でも広く活用されています。

いわてデジタルエンジニア育成センターで開催された『Fusion 360』の講習会の様子。

ワンダーフェスティバルにて販売されている、『Fusion 360』を使って作られたガレージキット。

企画力や広報力などを磨く学生アンバサダー企画

　業界や年齢を問わず利用されている『Fusion 360』ならではの活動として、学生主導のアンバサダー企画があります。学生アンバサダーは約2カ月間、『Fusion 360』を活用してもらうための企画や戦略を考えて、それを実行します。彼らに求められるスキルは、『Fusion 360』に関する技術的な知識だけではなく、企画力、広報力、コミュニケーション力、チームワーク、協調性などさまざま。機械系や設計系、アート系、デザイン系など、異なるバックグラウンドを持つ他校の学生アンバサダーと意見や知識を交換することで、自分たちの企画をどのようにプロモーションすればいいのかなど、客観的な視点を身に付けることが可能です。

『Fusion 360』を利用したものづくりの機会を企画する、学生アンバサダーの方々。

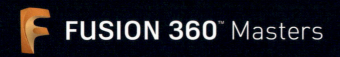

Chapter 2
Fusion 360 Masters:
トップクリエ

イターの仕事

総勢17名のクリエイターたちが、代表作の制作過程を紙面で再現しています。3D CADを始めたばかりの初級者にとっては、どのように制作すればいいのか学習する機会になるでしょう。また、すでに3D CADを仕事や趣味で活用している上級者にとっても、彼らのテクニックから気付くことがあるはずです。本章に掲載している多数のアイデアを、自身の制作過程にも反映させましょう。

猿渡義市
Giichi Endo

株式会社日南
クリエイティブスタジオ・デザインダイレクター
g-endo@h-nichinan.co.jp

PROFILE

1990年、日産自動車株式会社に入社、デザインセンターに配属。長年に渡りエクステリアデザイン業務に従事する。2006年から2009年まで、ロンドンにある日産デザインヨーロッパでの海外赴任を経験。帰国後はINFINITIのデザインを担当し、2台のコンセプトカーをデザイン。2013年から2015年まで、原宿にある株式会社クリエイティブボックス（日産デザインのサテライトスタジオ）に出向、デジタルツールを活用した新しいワークフローの開発に従事する。日産自動車株式会社を退職後の2015年、株式会社日南のクリエイティブスタジオ・デザインダイレクターに就任。

INTERVIEW

——お仕事について教えていただけますか？

2015年3月に日産自動車株式会社を退職し、同年4月に株式会社日南のクリエイティブスタジオ・デザインダイレクターに就任しました。日産自動車株式会社退職後、オートデスクのイベントにたびたび参加させていただき、『Fusion 360』のワークショップやデザインにどうデジタルツールを活用するか、事例を含めて講演しています。現在はカーデザインをはじめプロダクトデザイン、デザインワークフロー開発、企業デザイナーのトレーニングと、多岐に渡りデザイン活動を行っています。株式会社日南は商品開発をフルパッケー

日産自動車株式会社、在職中の作品（NISSAN mme concept ／ 2001 Frankfurt Show）。

日産自動車株式会社、在職中の作品（INFINITI Etherea concept ／ 2011 Geneva Motor Show）。

ジでサポートできる企業です。これまでの経験と同社のレベルの高いものづくりをつなぎ合わせることで、新しいものづくりのスキームを構築してイノベーションに貢献したいと思っています。

——ものづくりにおいて気を付けている点は何ですか？

そのものにどんな意味があるのか、よく考えるようにしています。本質が見えないと適切な解決策は見つかりません。そのため、よく考え、その考えを核にスケッチや3Dでアイデアをまとめます。また、他人に自分の考えを正確に伝えるため、プロトタイプを制作するなど、いろいろな手段を使います。もちろん、妥協しないでやりきることも重要です。

——あなたにとって3D CADとは、どのようなツールですか？

アイディエーションツールです。画面の中で試行錯誤しているといろいろな発見に出会えるため、それらをヒントにアイデアを広げる場合もあります。自分の考えをモデリングして表現することはもちろん、データがあればエンジニアとリアルな設計の検討ができるほか、色や素材の検討もできます。アウトプットをもとにしたコミュニケーションツールとも言えるでしょう。

——『Fusion 360』を活用する場面はいつですか？

アイディエーションから始まり、デザインの方向性が定まってデータを作り込む際、最終的にクラウドでレンダリングする際など、デザインの全てのフェーズで活用しています。そのほかメカとの干渉を確認したり、3Dプリント用に板厚を付けたり、アセンブリのアニメーションを作成する際にも活用します。

——『Fusion 360』の魅力とは？

ひとつのソフトで全てをカバーできる点です。また、学生や非営利目的の方なら無料で使えること、日本語でのサポートが充実していること、コミュニティーができていることも魅力です。あとは、やはりクラウドでしょう。データを持ち歩く必要がないうえに、データのシェアも容易にできるため、非常に便利です。

GALLERY

Mid-ship sports car / design study

シンプルかつエレガントな佇まいに、ハイパフォーマンスを組み合わせたミッドシップスポーツカー。
自分の欲しい車をデザインしました。

ハイエンドCGソフト、Autodesk『VRED』によるカラーバリエーションスタディー。塗装の艶やメタリックフレークの密度も調節可能です。

ハイドロフォイル
スピードボート

海のグライダーをコンセプトに新感覚を体験できるボートのデザインスタディー。水中翼を使い、推進時にボディーが水面より完全フローティングし滑走します。『Fusion 360』のスカルプトの特性を生かし、滑らかなスピード感を表現しています。

プライベート
エアプレーン

次世代のビジネスジェットのスタディーアイデア展開のフェーズを、『Fusion 360』を活用して短時間でコンセプトモデリング、ビジュアライズしました。

Fusion 360
ワークショップ
ポスター

『Fusion 360』入門者向けワークショップ用のポスター。ワークショップではイメージ同様の香水瓶をモデリングし、ガラスのテクスチャーでレンダリングを作成しました。

PROCESS of WORK in Fusion 360

自動車のコンセプトモデリング

スカルプトモードで自動車のモデリングを行います。完成形が存在するものを作るのではなく、大まかなパッケージの上にダイレクトにデザインしながら、スケッチをする感覚でモデリングしていきます。このワークフローは修正することを前提に構築していくので、トライ＆エラーでいろいろなパターンを検証できるでしょう。それによって新しい発見に出会えるチャンスが増大するプロセスです。これをコンセプトモデリングと呼んでいます。ここでは全体のワークフローとキーポイントを紹介しながら、スカルプトモデリングの概要を説明します。

背景に街のHDRを使用した、実車感のあるレンダリング。

ボディーカラーとランプのディテールのデザインスタディ。3Dデータがあれば、さまざまな検証を行えます。

01

まずは、❶【挿入】→【下絵を挿入】から、全体の大きさが分かるパッケージ図を取り込みます。❷【ブラウザ】→【キャンバス】内のイメージを右クリックし、【位置合わせ】でホイールベースの長さを合わせたら、❸【スケッチ】→【スプライン】でボディのキーになるラインを作成します。ホイールアーチも同じく【スプライン】で作成します。

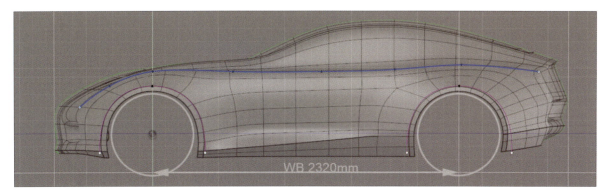

02

❶【作成】→【押し出し】を使って、カーブから上面を作成します。オプションメニューは❷【間隔】を【均一】に、❸【面】を【15】に設定。ポリゴンモデリングのセオリーでは、できるだけ少なめのフェース数で作り始めますが、私の場合は多めのフェース数（均一間隔）で作り始めます。後でフェースを分割すると形が変わるため、あらかじめ多めのフェース数にしています。自動車をモデリングする際は、15分割程度が適切でしょう。ホイールアーチのカーブは、全幅の位置まで移動しておきます。

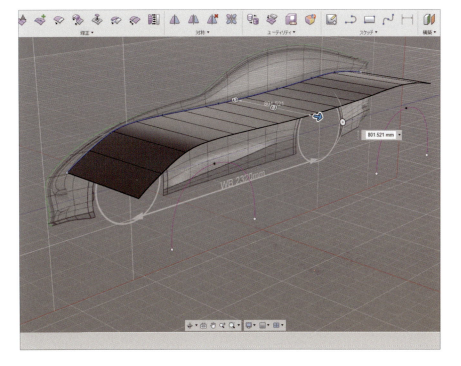

03

ビューキューブのメニューで❶【正投影】を選択し、パースペクティブをオフにします。その後（この場合は斜め上から）、❷【修正】→【挿入点】で前端と後端に点を作成し、任意ビューで直線を投影。線を修正する場合は、点を動かすのではなく【挿入点】で面上に新しい線を作成し、不要な線を削除します。

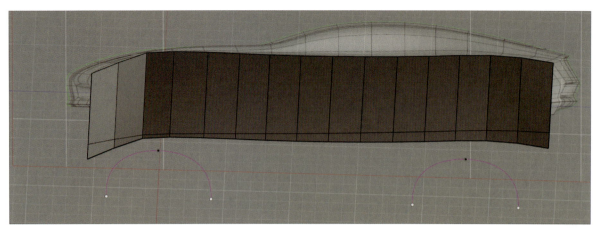

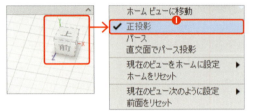
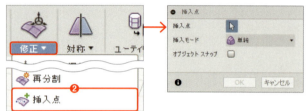

04

外側のエッジを選択したら、マニピュレーターの【↓】を選択。Altキーを押しながら下方へ移動し、ボディーサイド面を作成します。なお、この作業はボックス表示で進めます。オペレーションはボックス表示の方がストレスを感じることなく行えるでしょう。ただし、形状確認はスムーズ表示で行います。

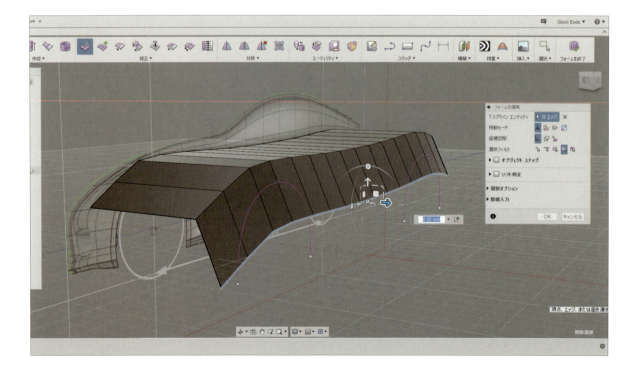

05

ボディーサイドも同じく、面上に【修正】→【挿入点】でデザインラインを作成。ラインが決まったら、下側の面は不要なので削除します。なお、点を動かしてしまうと面の角度が変わるため面が凸凹になり、きれいなハイライトをキープできません。

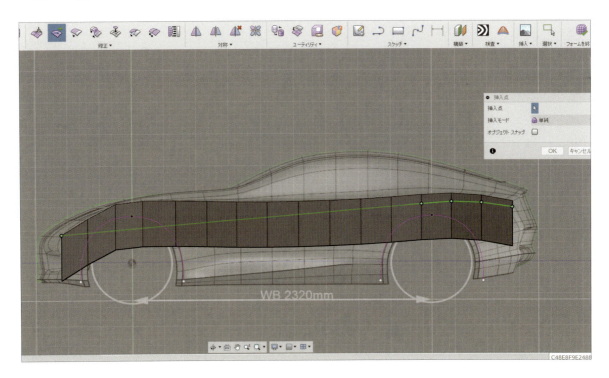

06

デザインラインのエッジから、さらに面を押し出してボディーサイドを作成します。

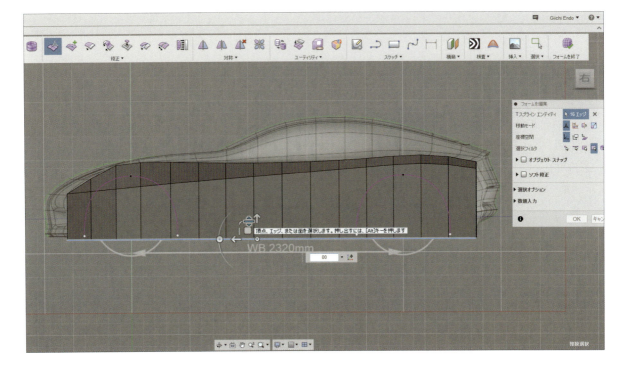

ボディーサイド面を【修正】→【挿入点】で分割していきます。まずは分割数を【3】にしてホイールアーチを作成。その後、エッジを追加してディテールを作り込みます。

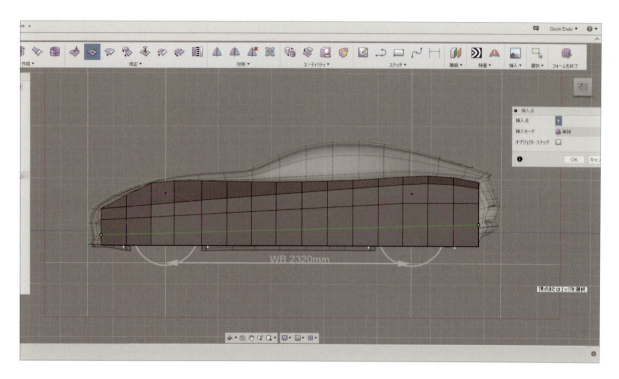

ボディーサイド面の上に【修正】→【挿入点】でフェンダーのフレアーの端末線を作成し、その内側を削除します。また、ホイールアーチのカーブから面を押し出しておきます。その際、面の分割数は【8】に設定しました。

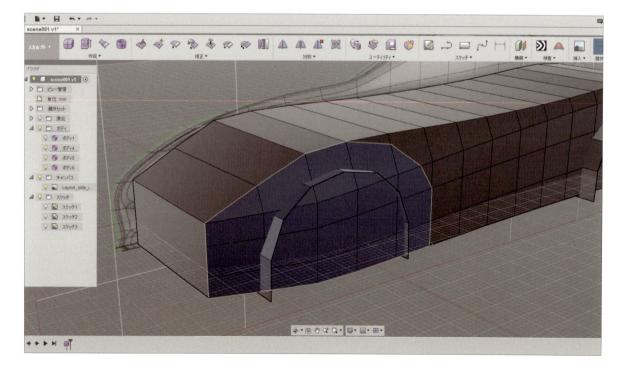

❶【修正】→【ブリッジ】を使って、ボディ側の端末線とホイールアーチの端末線の間に面を作成します（フェンダーを張るための仮の面、後に削除）。その際、オプションメニューの❷【面】は【1】に設定。リアも同様の手順で作成します。

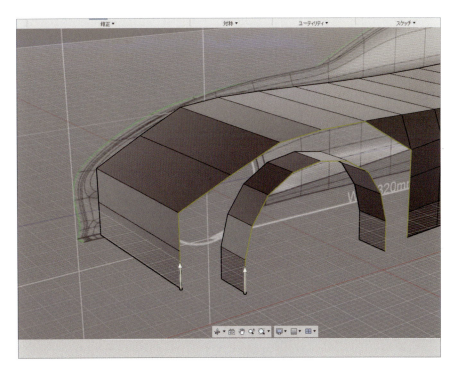

❶【表示スタイル】→【シェーディング】と表示を切り替えて確認すると、画像のようにテンションに偏りが見られます。その際は❷【ユーティリティー】→【均一化】からオブジェクトを選択し、【OK】をクリックしてテンションを適正値に戻します。

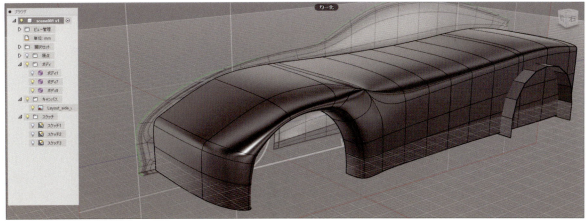

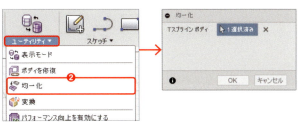

Chapter 2 | Fusion 360 Masters：トップクリエイターの仕事 | 027

11

上面と側面の境のエッジを❶【修正】→【折り目】にして、暫定的に形状を確認したら、ホイールアーチの仮の面を削除。その後❷【検査】→【ゼブラ解析】でハイライトの確認をします。

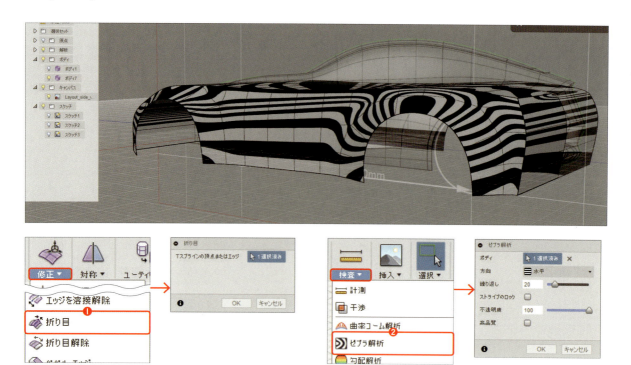

12

【修正】→【挿入点】でベルトライン（サイドガラス端末）を作成して、内側の面を削除します。その後、【対称】ツールの【ミラー - 内部】を使ってボディを反転コピーします。

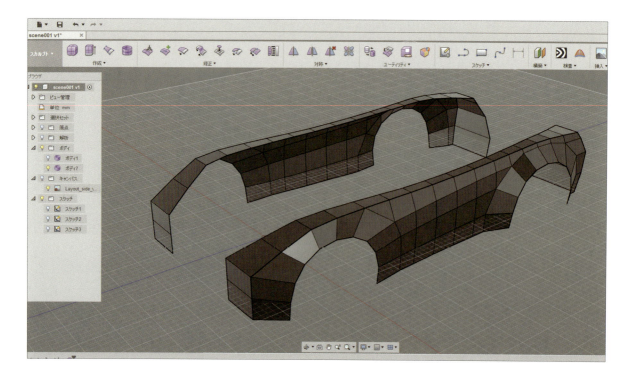

13

ビューキューブを【前】にします。ベルトラインのエッジから❶【作成】→【押し出し】でガラス面を作成。❷右クリックから【フォームを編集】を表示し、エッジを選択して内側に倒し込んでおきます。

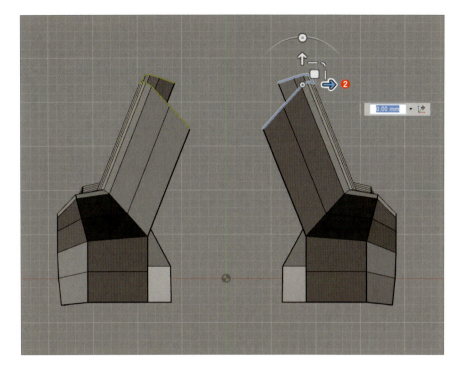
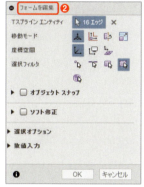

14

ガラス面の上に【修正】→【挿入点】でデザインラインを作成して、余分な面を削除します。その後、左右を❶【修正】→【ブリッジ】で接続。【ブリッジ】のオプションメニューで❷【面】を【2】に設定すると、中心（左右対称軸）にエッジが作成されます。以上で全体の骨格は完成です。

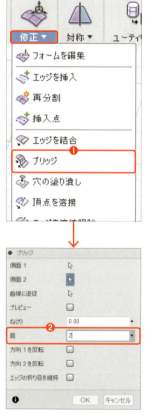
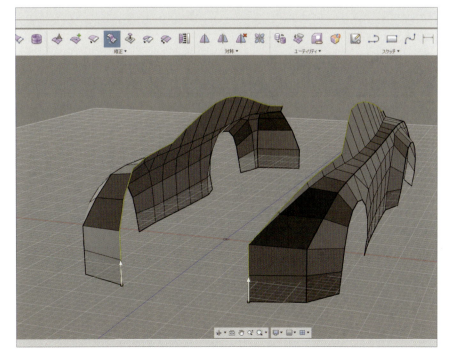

15

全体の骨格が完成したら、面にニュアンスを付けていきます。その際、以下の注意点を意識しながら操作しましょう。❶画像のようにゾーンで選択して調整します。1点ずつ調整すると、凸凹になるうえに時間もかかります。❷Rを小さくする部分は、【修正】→【エッジを挿入】でコントロールします。❸ディテールはエッジを追加して、面を分割しながら調整します。❹ランプの形などのディテールは、トライ＆エラーを繰り返して実験するため、ベースのボリュームをコピーしてバックアップしておきましょう。

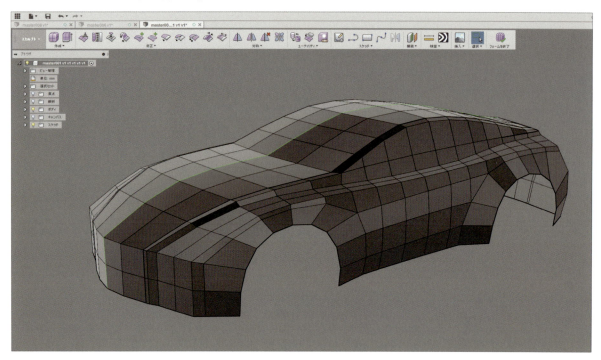

16

スプラインカーブを前端と後端にスナップします。❶【修正】→【プル】の❷【プルタイプ】を【制御点】にして、移動させたい頂点を選択していくと、自動でターゲットのラインにスナップしてくれます。このように、カーブを使った修正も可能なところが『Fusion 360』のユニークな点です。

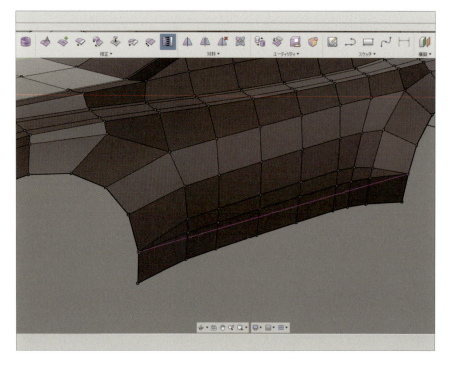

17

エアーインテークは、【修正】→【挿入点】で面上にキャラクターを描いて制作します。穴になる面を選択したら、【移動】で奥に押し込みましょう。

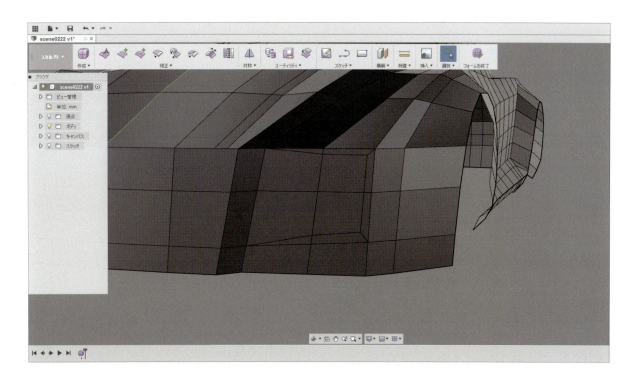

18

穴になる面を押し込んだ状態。これだけでインテーク形状のブロックは完成です。その後、角のRと面のニュアンスを【修正】→【エッジを挿入】でコントロールしていきます。

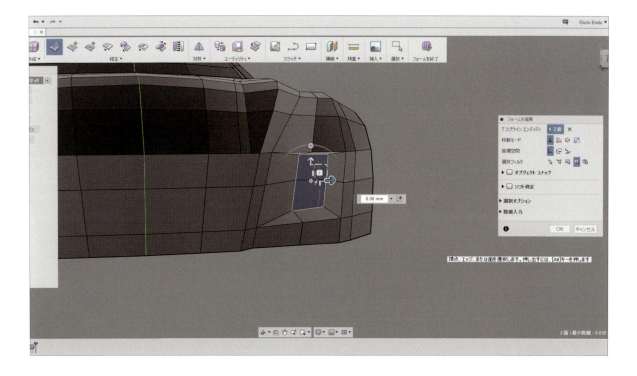

19

【修正】→【折り目】や【エッジを挿入】を使いながら、全体のディテールを仕上げていきます。同時にボリュームの重さも調整して、思い通りのデザインに追い込みます。面の微妙なニュアンス付けは、スムーズ表示上でインタラクティブに行います。

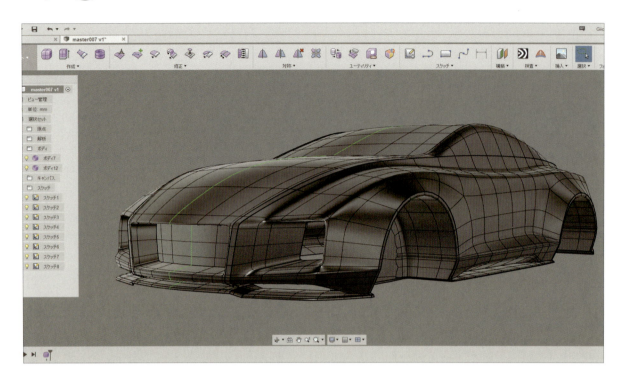

20

窓やランプのアウトライン別オブジェクトを作成して、きれいな相関線をコントロールしておきます。NURBSに変換してから線を投影しても構いませんが、別オブジェクトを作成して、相関線をインタラクティブにコントロールすることをお勧めします。

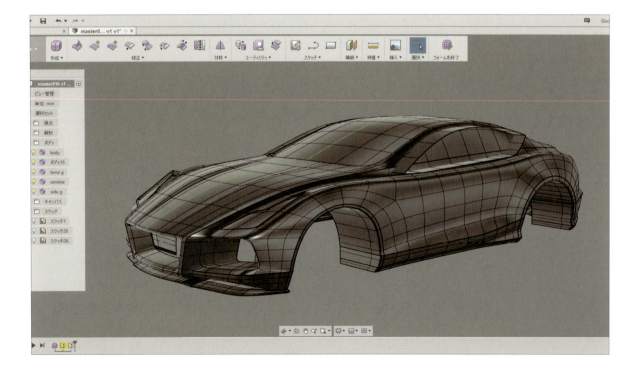

21

線のプロジェクトや面のトリムは、【スカルプト】モードでは行えません。そのため、窓やランプのグラフィックを分割する作業は、【モデル】モードに移行して行います。その際、オブジェクトはTスプラインからNURBSに自動変換されます。窓を分割する場合、グラフィック線をプロジェクトして面を分割したり、この画像のようにサイドウィンドウグラフィックで押し出した面とボディを相関させる方法があります。

22

ボディの完成後、タイヤをセットアップします。【レンダリング】モードに移行したら、素材をアサインして環境を選択。デフォルトの環境だけでなく、【設定】→【シーンの設定】→【環境ライブラリ】→【カスタム環境をアタッチ】で、ダウンロードしたHDRをインポートして使用することもできるため、思い通りの絵作りを行えるでしょう。

田子 學
Manabu Tago

株式会社エムテド 代表取締役
アートディレクター／デザイナー
慶應義塾大学大学院 システムデザイン・マネジメント研究科 特任教授
東京造形大学 デザイン学科 特任教授

PROFILE

東京造形大学Ⅱ類デザインマネジメントを卒業後、株式会社東芝デザインセンターにて家電や情報機器等コンシューマプロダクトのデザインを13年間ほど担当する。その後、株式会社リアル・フリート（現・アマダナ株式会社）の立ち上げに参画、デザインマネジメント責任者として従事。2008年に株式会社エムテドを立ち上げ、大企業からベンチャー企業まで幅広い産業分野において、コンセプトメイキングからプロダクトアウトまでをトータルにデザインする「デザインマネジメント」を実践している。

INTERVIEW

——お仕事について教えていただけますか？

デザインマネジメントが専門です。企業や組織の本来あるべき姿を目指すため、あらゆる切り口でデザインを提供してブランディングしていきます。ですから、必ずしもプロダクトのような形があるものだけではなく、組織改変やサービスのデザインという形がないものの場合もあります。いずれも単に作るだけでなく、受け取った人たちも含め全てにいい関係性が生まれるデザインを心掛けています。

築40年の戸建てをリノベーションした"ホフィス（Home + Office）"で業務に取り組む。仕事と暮らしがシームレスな場の雰囲気は、パートナー企業とのリアルで濃密な対話を可能にする。下2枚の写真はミーティングスペース。

——ものづくりにおいて気を付けている点は何ですか？

形は何年も何十年も残ります。そのため、形を作る前に製品のコンセプトやビジョンをしっかり固めることから始めます。イメージがはっきりしなくても手が動けば、誰でもすぐにそれらしいものを作れる時代となりました。ゆえに気を付けたいのは、目的をはっきりさせて、使う人の立場を意識することでしょう。それが決まったら一気にイメージを膨らませて、さまざまなツールを生かして最適化を図りながら、スケッチやモデリングを作っていきます。

——あなたにとって3D CADとは、どのようなツールですか？

20年間ほど、さまざまな3D CADを使ってきました。その間、かなり便利になりましたが、現状ではまだ「やれること」と「やれないこと」があると思っています。また、ソフトによってモデリングの方法が異なり、ソフトのバージョンによって作り方も変わります。そのため、ツールにとらわれないよう心掛けています。その一方で、3次元ツールを扱えれば、2次元ツールでは見えない部分やデザイン性を共有できることも確かです。特性をつかみながら、さまざまなソフトをいじってみるといいと思います。

——『Fusion 360』の魅力とは？

アイデア、モデリング、レンダリング、CMF（カラー・マテリアル・フィニッシュ）、容積のシミュレーション、そして変換せずに即3Dプリントできる一貫性は本当にスマートです。また『Fusion 360』は、数日に一度はアップデート進化しており、使いやすく改善し続けています（すぐに使いたい時、アップデートで数分ほど待たされることもありますが）。いずれにせよ『Fusion 360』は、扱いやすくレスポンシブでパワフルなツールのひとつであることに間違いありません。

GALLERY

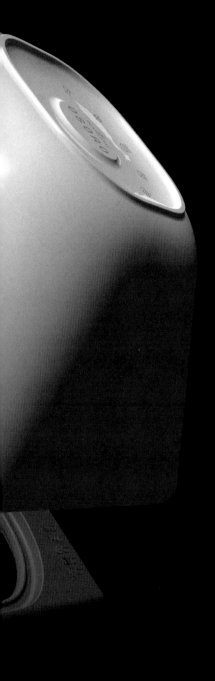

OSORO

2012年に発表された、鳴海製陶株式会社の「まったくあたらしいうつわ"OSORO"」スクエアシリーズと、O-Connectorのドッキングを示したグラフィック。この製品は焼き物ですが、シリコン部材との組み合わせがデザインの肝であるため、高い精度が求められました。そのため、鳴海製陶株式会社では初となる3次元で一貫した設計構想、デザイン検討、製造までを行っています。陶磁器業界では考えられなかった精度を実現し、業界に一石を投じた製品となりました。

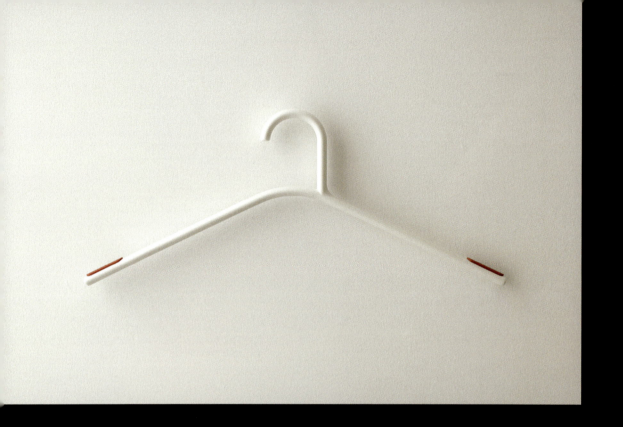

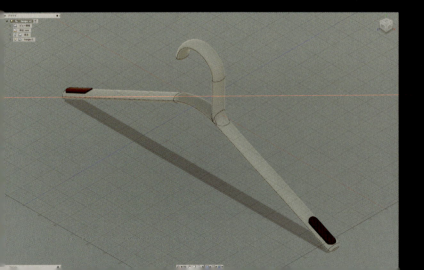

nasta

2011年に発表された、株式会社ナスタの「ハレのある洗濯」をコンセプトとしたランドリー商材シリーズ。これらの商材は『Illustrator』データを直接CADデータに変換して商品開発、構造検討がされています。普段使いのものだけに、出しゃばらないけど使いやすくて、どこかユニークさがある……そんなデザインコードを持ったブランドです。

MGVs

2017年春にオープンした、山梨県の勝沼にあるワイナリーブランドのデザインを担当しています。もともと半導体事業を行っていた工場をリノベーションしてできたこのワイナリーは、半導体生産管理をしていた場所らしく、地域や製法を表す3桁の数字をワインの銘柄にしているのが特徴。ブドウ作りの前に土作りから始め、一貫生産をする徹底したワイン造りを実践し、真面目な作り手の想いを届けています。

NAGORI

2016年に発表された、三井化学株式会社と弊社が取り組んでいる「素材の魅力ラボMOLp®」の中から生まれた、NAGORI樹脂によるデザインの演習。NAGORI樹脂の特徴は、海のミネラルとプラスチックの環境配慮型混合樹脂で、従来のプラスチックでは難しかった陶器のような重さや質感と熱伝導率を実現していることです。従来のプラスチックでは表現しにくかった部分への応用が期待されています。

VELDT

2014年にスマートウォッチ"VELDT SERENDIPITY"を発表したVELDTは、常にユニークなデザインと製品の完成度の高さから、日本のみならず海外でも新たなウェアラブルブランドとして高い評価を得ています。本書ではその最新モデル（2017年3月、スイスで行われたバーゼルワールドにて発表）の製造工程で使用した『Fusion 360』の、ほかの3D CADとの親和性とTips、デザインフィニッシュとなるレンダリング機能について紹介しています。

PROCESS of WORK_01　in Fusion 360

ビアタンブラーの制作

ここでは、三井化学株式会社との取り組みで開発されたNAGORI樹脂で作られている、まるで陶器のように冷えるダブルモールド（二色成形）によるビアタンブラーの作り方を解説していきます。

01

『Illustrator』でビアタンブラーの大まかなデザインとバックスタンプなどをスケッチして、おおよその大きさや配色を検討しておきます。

02

スケッチした『Illustrator』データを『Fusion 360』で読み込んでもいいのですが、後の修正を考えて、ここでは『Fusion 360』内でおおよその外形を描きます。『Fusion 360』で描いた線は自動的にトリム認識してくれるので、色が分かれる2重構造（内側と外側）をあらかじめ描いておくと作業性がいいでしょう。

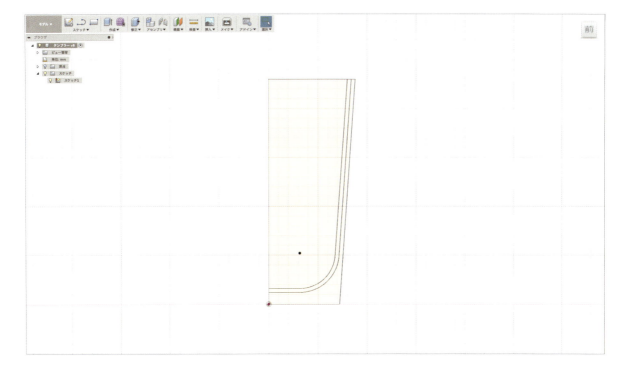

03

寸法拘束をして形を定義付けていきます。2重となる外側から内側にかけての線は、金型を考慮しているために平行を定義付けしました。

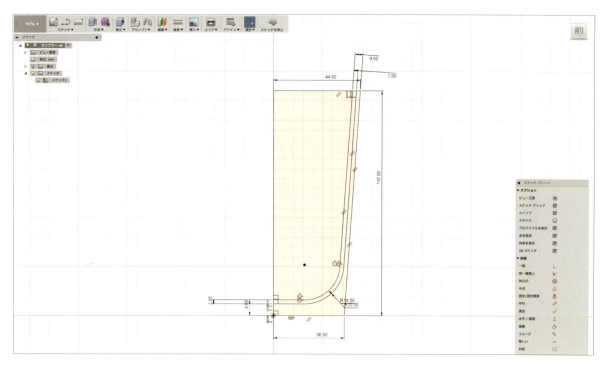

04

上部のピース分けする箇所を別にスケッチします。その際、垂れた泡の曲線はタンブラー側面の片方だけに付けるため、それを付けないもう片方のスケッチも描いておきます。ここでは断面 A（垂れた泡あり）と断面 B（垂れた泡なし）を用意しました。なお、垂れた泡の曲線はスプラインを利用して描いています。また、後に立体化する際、ブーリアンで【結合】【切り取り】【交差】を実行するため、実際に作るタンブラーより大きな、閉じた形状で描いておきます。

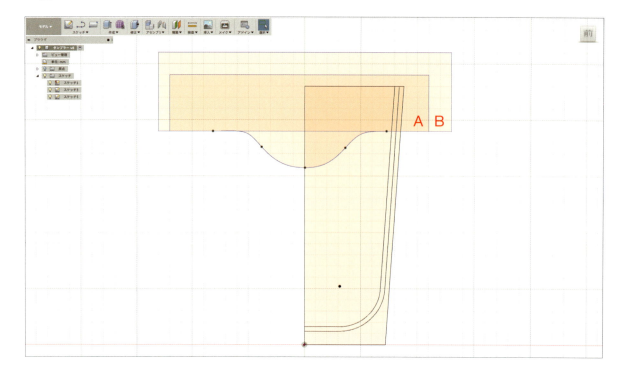

05

【方向】を【片側】にしたうえで、断面Aをタンブラーの直径より大きめに【押し出し】します。また、断面Bは断面Aと逆方向に【押し出し】します。

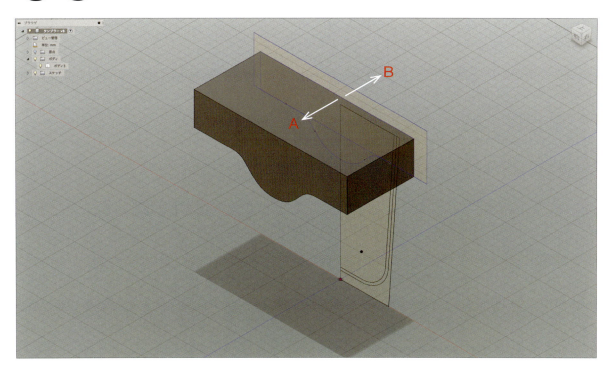

06

断面Aと断面Bの立体化を終えたら、今度はタンブラー本体を作ります。断面Aと断面Bを非表示にしておくと、タンブラー本体を作る際に確認しやすいため、【ブラウザ】で【ボディ】の横にある電球マークを消灯。その後、先ほど描いたタンブラー本体用のスケッチを選択したら、まずは内側の断面を選択して【回転】（軸は垂直の線）します。生成されたものをピースCとします。

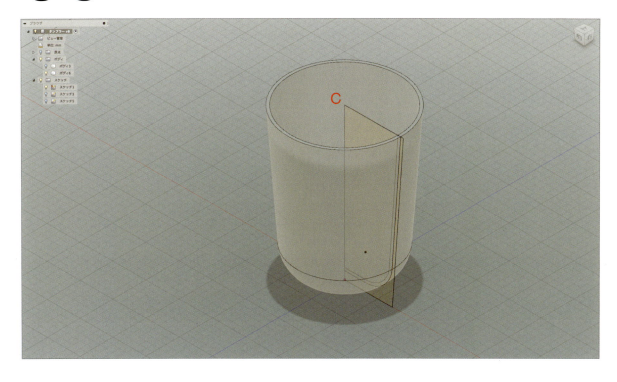

07

同様に外側の断面を選択して【回転】（軸は先ほどと同じ垂直の線）します。生成されたものをピースDとします。これにより、内側（白色）のピースCと外側（黄色）のピースDが、きれいにはまっている状態を作ることができました。

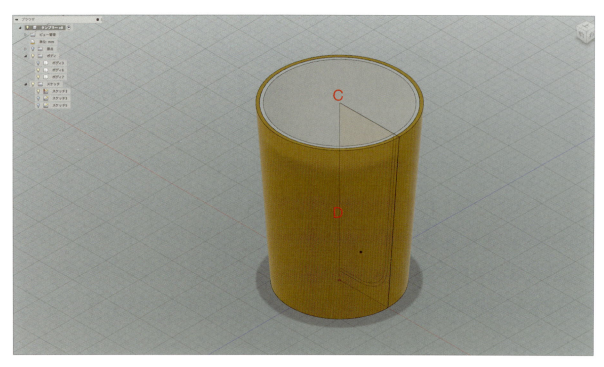

08

続いてピースDを切断していきます。一度に処理できるよう、まずは断面Aと断面Bを【結合】します。また、後に使うため、ここで断面A＋BとピースDをコピーしておきました。その後、ピースDを断面A＋Bで【結合（操作＝切り取り）】します。

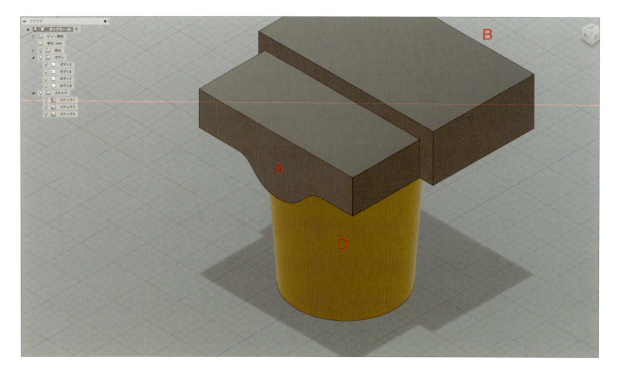

09

ピース D が削除されたら、先ほどコピーしておいた断面 A + B とピース D をペーストして【結合（操作＝交差）】を実行します。

10

左下の画像のように、黒色の部分が追加されます。このままだとピース C でもピース D でもないため、再度【結合（操作＝結合）】を実行。すると右下の画像のように、黒色の部分がピース C と一体化します。

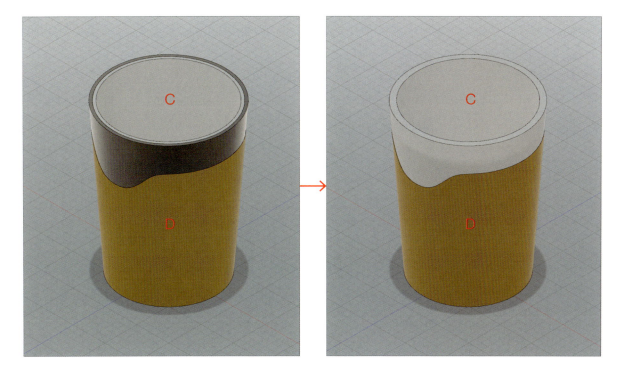

11

底面には高台とバックスタンプを入れる場所がほしいので、スケッチをします。描いたスケッチを選択して【作成】→【押し出し】をすると、すぐに切り取られるでしょう。『Fusion 360』は形状に対して、次に起こるであろうコマンドを自動で展開する機能を備えています。

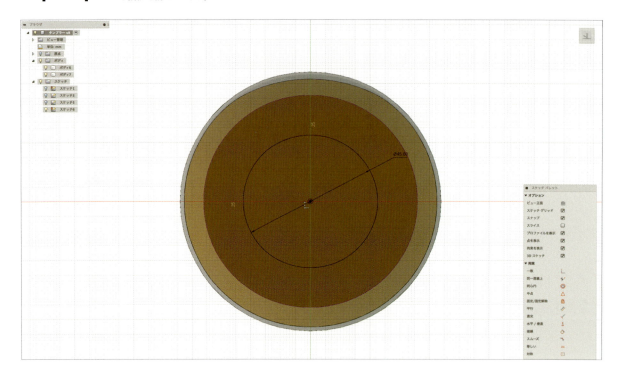

12

バックスタンプの入る凹んだ場所は、金型による抜きを考慮して、内角に【面取り】をした後に【フィレット】をしています。

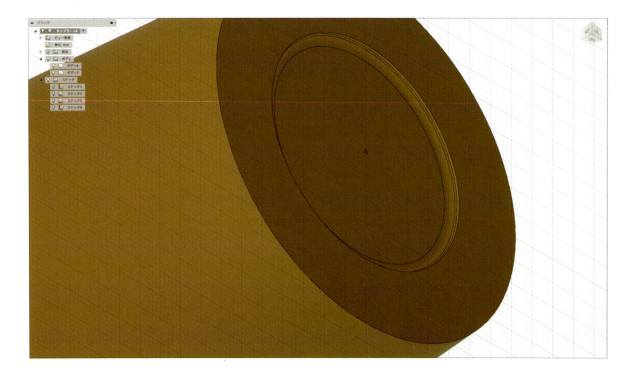

13

R関係はプロダクトにとって大切な部分です。イメージは初期に作っておく必要がありますが、モデリング時には最後に付けるべき箇所になります。ここではビールの口当たりを良くするため、内側に大きめのR、外側に小さめのRを付けました。

14

レンダリングモードの【デカール】を使って、バックスタンプの位置や大きさ、見え方を確認しておきます。そうすることで、実際に印刷する際のレイアウトの参考にもなるでしょう。

15

ピースCとピースDの成型には、段差ができることを考慮して、上部の面を選択したら面を外側にオフセットします。それにより、タンブラーから泡がこぼれ落ちる様子を作ります。

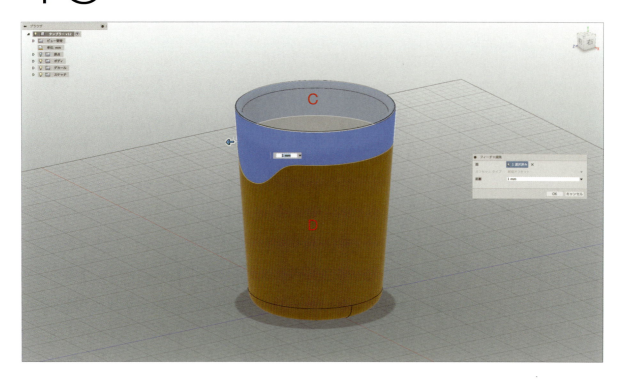

16

泡の端面にRを付けて雰囲気を出します。単純にRを付けるのではなく、一度【面取り】をしてからRを付けると、雰囲気が出やすいでしょう。

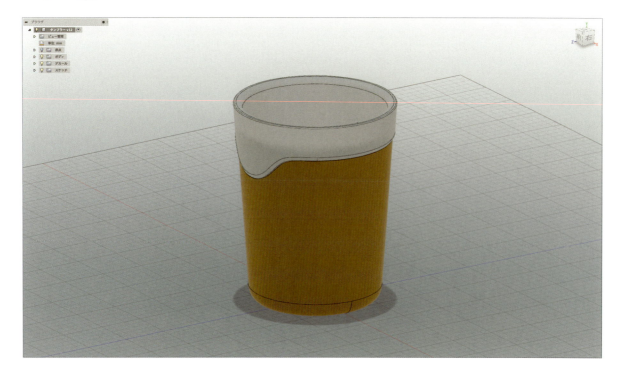

17

350ml以上のビールが入るよう容量計算をして、問題がなければレンダリングをします。ビールの泡がおいしそうに見えたら、ダブルインジェクションのデザインデータは完成です。

PROCESS of WORK_02　in **Fusion 360**

スマートウォッチ "VELDT" の制作

このプロダクトは『Fusion 360』だけではなく、複合的にCADを使って作りました。『Fusion 360』はプロダクトデザインに必要な素材ライブラリが揃った、強力なレンダリング機能を搭載しています。そのため、CGソフトで面倒な設定をすることなく、CADの中間フォーマットを読み込むだけで、途中段階でのチェックが可能。ここでは2Dを3Dにする際の手順と、『Fusion 360』のレンダリング機能について解説します。

01

『Illustrator』で大まかな方向性とイメージをスケッチして、大きさや比率を確認しておきます。製造を伴う場合、設計が決まらないとライン取りが困難になることもあるため、現段階ではあえて詳細は詰めません。このスマートウォッチのコンセプトは、文字盤を見る時計ではなく、光が情報を知らせる時計であること。ハイテク感というよりも、アナログ時計に見られる抑えるべきポイントを抽出していきます。

極めて初期段階のスケッチ。大画面化した文字盤は、VELDTのアイデンティティーである6角を強調しています。

文字盤の周りに配置されるLEDの厚みの制限等により、文字盤は癖のない正円となり、ベゼルを追加。設計仕様が現実的になってきたスケッチ。

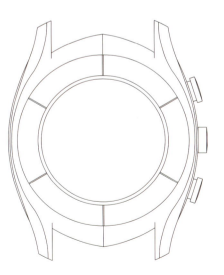

基盤や設計仕様が固まり、デザインの詳細を詰めていく段階のスケッチ。この段階で製造的リスクを鑑みながら、現実的でバランスの良い落とし所を見付けていきます。性別を問わずに使えるユニセックスな製品にしたいため、シェイプに関してはなるべくセクシーなラインが生きるように気を配りました。

スケッチの形状をCADに描き移してリファインしていきます。『Illustrator』データをそのまま使ってもいいのですが、ベクターデータは数値制御が難しいため、アウトラインを参考にして、後からでも数値制御が可能な線に置き換えます。その際、2D操作に優れた2D CADを使いました。3Dで直接ラインを描いていないのは、全体像を数値で把握しておきたいため。また、場合によっては『Illustrator』でのスケッチに戻れるという利点もあります。最近の2D CADには3D機能もありますが、形状管理が複雑になるため、モデリングは別のソフトで行います。

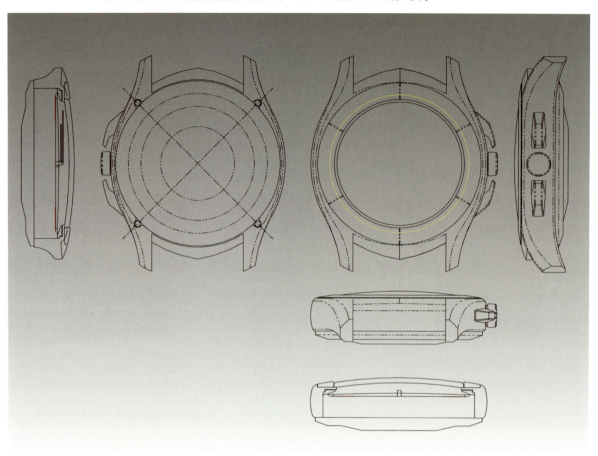

03

3Dでモデリングする際のテクニックには、たくさんの種類があります。今回は始点と終点の座標数値等、数値管理をしながらモデリングしたいので、サーフェスモデリングが得意な3D CADを使用しました。描いた線を3次元上に浮かせて、竹ヒゴに紙を貼っていくようなイメージで面張りをしていきます。特に筐体のベルト部にある、くちばしのようなエッジをきれいに作りたいので、このような制作方法を選択しました。

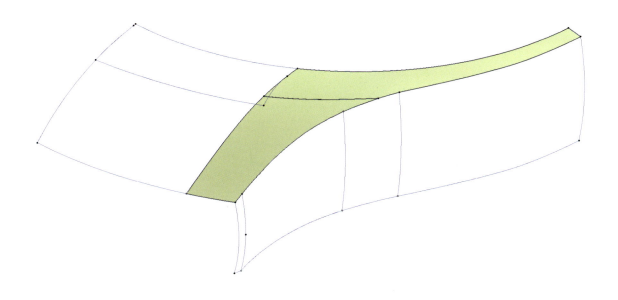

04

よれた面をきれいにつなげる工程を何度か繰り返しながら、線と面を調整して、基本的なモデリングをしていきます。

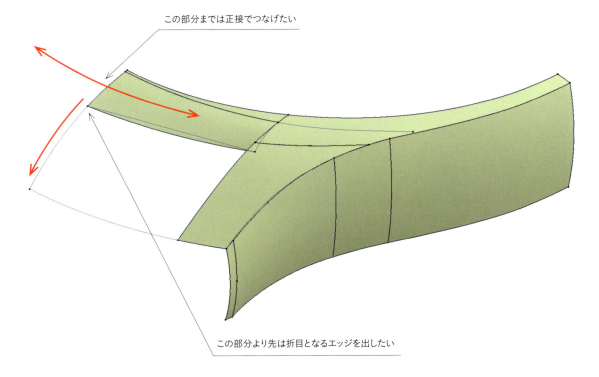

この部分までは正接でつなげたい

この部分より先は折目となるエッジを出したい

時計の形状は縦横ほぼシンメトリーであるため、全体の4分の1が正確に描けていれば、全体像はすぐに確認できます。特に角が出る場合のモデリングは、このようにサーフェスを繰り返して検証する必要があります。『Fusion 360』はスカルプトでもモデリングできますが、時計のように精密加工が必要なものは数コンマ単位で修正するので、なるべく数値で制御できた方がいいでしょう。

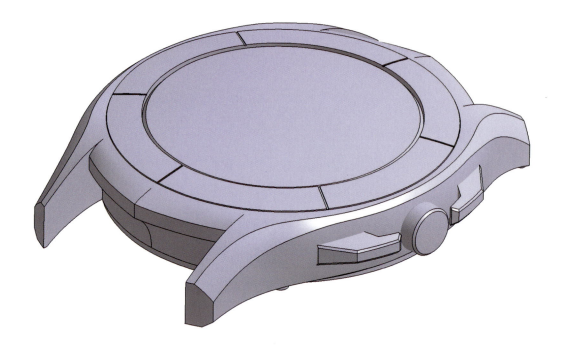

先のデータを設計担当者に渡して、部品が入るかなど、製造上の問題を検証していきます。もともとはボタンとガードを兼ねた機構を検討していましたが、部品のレイアウト上、ボタンの配置に変更が生じたため、当初のイメージは壊さずにガードを残して、ボタンを外に出すという変更を行いました。このように仕様を見直す際、必要な線だけを『Illustrator』に持っていけるよう、ソフトの選択はとても重要となります。

07

ディテールを修正しながら、全体をまとめていきます。

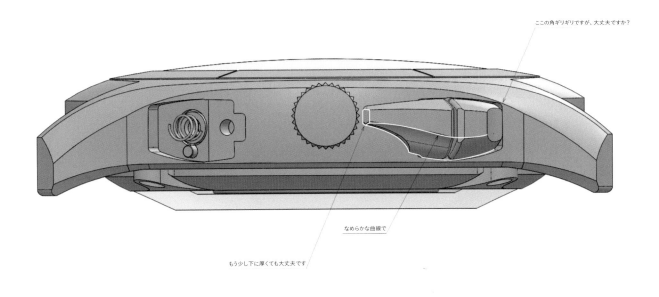

ここの角ギリギリですが、大丈夫ですか？

なめらかな曲線で

もう少し下に厚くても大丈夫です

08

各部品などの干渉チェックを終えたら、それらにCMFを設定してレンダリングします。

『Fusion 360』のレンダリング機能は、とても簡単に扱えるのにパワフル。作業スペースをレンダリングに切り替えて、各部品に素材を適用していきます。素材は豊富に用意されており、テクスチャやデカールなども簡単に設定できます。

【外観】では、素材を変える対象を【ボディ／コンポーネント】と【面】から選択できます。これにより、実際に想定されるシボや光沢などの加工を、ひとつのボディ内で表現することが可能。【ライブラリ】には【ガラス】【メタル】【木材】【プラスチック】など、プロダクトデザインに必要となる主な素材はほとんど用意されています。

あらかじめ色が設定されている素材もたくさんありますが、カラーパレットやRGB数値を使って、たとえ【ガラス（青）】を適用した素材でも赤に変更するなど、自分で自由に色をカスタマイズできます。また【カラーライブラリ】では、PANTONE社のライブラリを選択することが可能。それにより、製品設計の色指示をする際に再現率を高められるため、とても効率的に作業できます。『Illustrator』にあるPANTONEスウォッチの3D版といった感じでしょう。なお【詳細】では、素材のパターンの定義を変更したり、レリーフを与えたりすることができます。

10

素材を適用する方法はとても簡単で、【ライブラリ】に表示されている素材を任意のオブジェクトにドラッグ＆ドロップするだけです。風防ガラスやリューズなどにはすぐに適用できますが、風防ガラスの下にある針のように重なっている部品に適用する場合は、【ブラウザ】でその部品にドラッグ＆ドロップしましょう。ここでは【ステンレス鋼 - サテン】を黒色にカスタマイズした素材を、時計本体に適用しました。

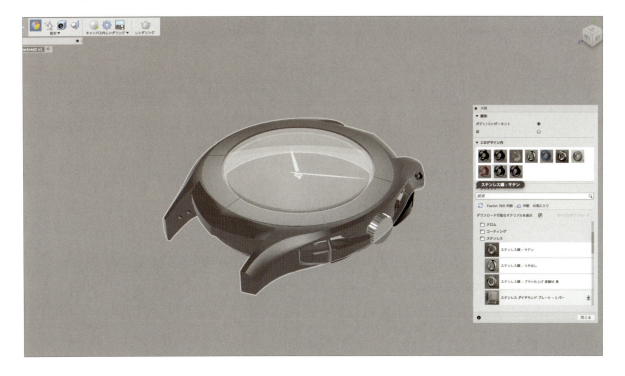

11

時計の大部分はマット調にしますが、両肩に走るカット面は光沢を付けるため、ここで❶【外観】の【適用】を【ボディ/コンポーネント】から【面】に切り替えます。そして❷【ステンレス鋼 - つや出し】（こちらも同様に黒色にカスタマイズしてあります）をカット面にドラッグ&ドロップします。このようにして、それぞれ表面加工を設定していきます。

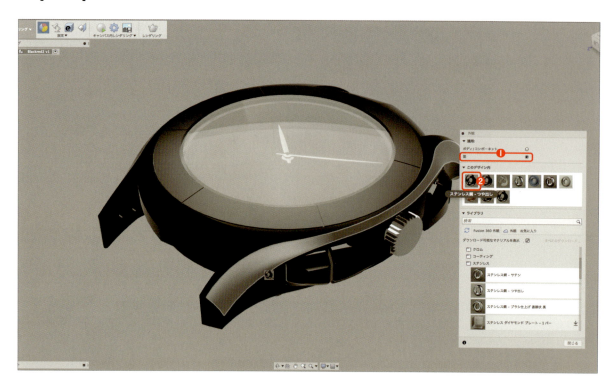

【ステンレス鋼 - つや出し】を適用してから仮にレンダリングすると、光沢を付けた
肩の稜線が、先ほどよりもはっきりしていることを確認できるでしょう。

12

『Fusion 360』に搭載されているデカール機能も、強力なツールのひとつです。そのデカール機能を使って、時計の顔となる文字盤をシミュレーションしていきます。なお、デカールを設定する際は、対象となるオブジェクトに触らなければなりません。そのため、デカールを設定するオブジェクトに直接触れるよう、阻害するオブジェクトをいったん非表示にした方がいいでしょう。ここでは風防となるガラスを非表示にするため、【ブラウザ】を開いて、そのオブジェクトの横にある電球を消灯しました。

ガラスが非表示となり、文字盤を作りたい部分に触れるようになりました。この表示・非表示の機能は、モデリング時にも効果的に使えるでしょう。

13

『Illustrator』で描いた文字盤（針などの余計な部分を削除）のグラフィックを、『Photoshop』などでPNGデータに書き出します。その際、レンダリングのことを考えて、なるべく高解像度にしておいた方がいいでしょう。なお、上部に余白を設けているのは、文字盤の中心に穴が空いていたり、オブジェクトの形状によっては、うまくデカールを貼れない場合もあるためです（本来、インデックスやロゴには金属ピースが貼られます）。

14

デカールを貼る位置をしっかり確認するため、上面ビューで作業を進めます。まず【デカール】で貼る面を選択したら、【イメージを選択】で先ほど用意したデカールを選択します。すると指定した面にデカールが貼られますが、位置・大きさ・角度を修正しなければなりません。そこで表示されている**マニピュレーター**（赤枠部分）を使って、それらを調整していきます。デカールの上部に余白を設けておいたので、位置を調整する際につかみやすくなっています。

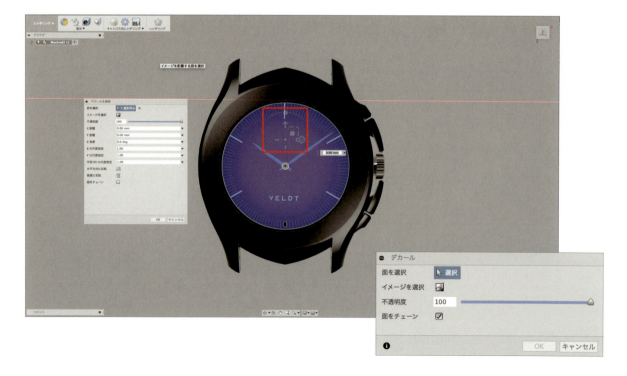

15

対象オブジェクトを選択して、右クリックから【デカールを編集】に進めば、一度貼ったデカールを微調整できます。

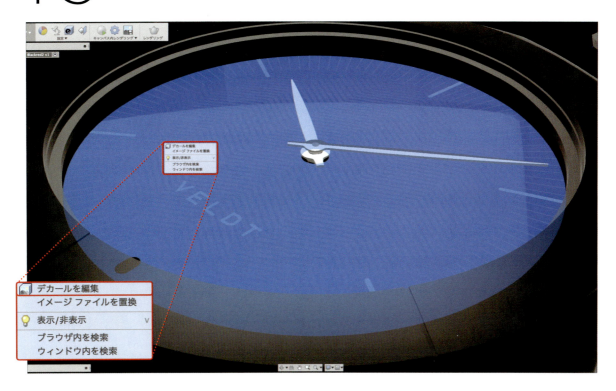

微調整後、おかしな部分がないかを角度を変えながらチェックします。

16

レンダリングをする際に【シーンの設定】を調整すれば、より美しい画像を作ることができます。なお❶【設定】では、【明るさ】【背景】【反射】【カメラ】などの調整が可能。また❷【環境ライブラリ】では、撮影環境のほかHDRレンダリング環境も選択できます。

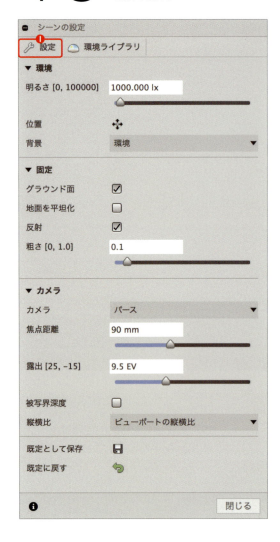

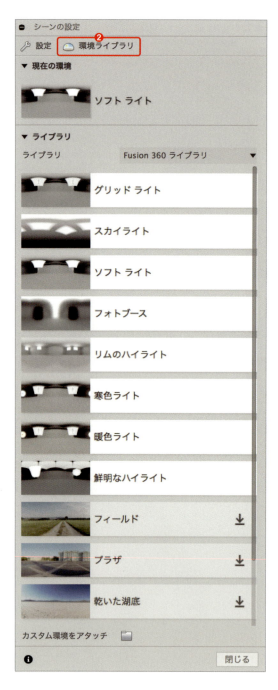

❶【固定】では【グラウンド面】と【反射】を選択。❷【位置】ツールを使えば、時計を空中に浮かせて、その底面を反射させることも可能です。なお【位置】ツールの【回転】は光源を示しており、ここで光の当て方を調整できます。今回は【環境ライブラリ】を使わず、黒色の背景に設定しました。

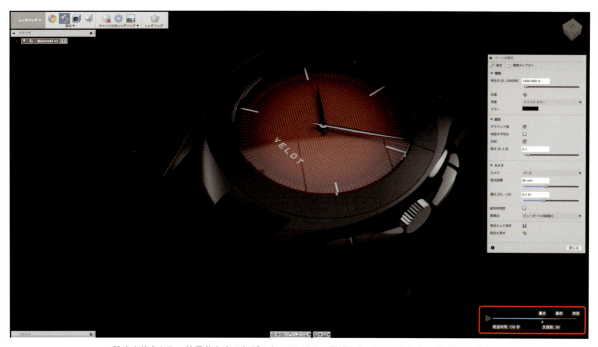

設定を終えたら、効果的な光の加減になっているか、設定したマテリアルになっているかなどを確認するため、【キャンバス内レンダリング】を実行するのもいいでしょう。画面右下にある**スライダの【反復数】**は、レイトレーシングによる光の反復を示しています。時間は多少かかるものの、その数が多ければ多いほど、よりリアルで正確なレンダリングが可能となります。レンダリング画像を保存する際は、【キャンバス内レンダリング】から【イメージをキャプチャ】に進みましょう。

17

【キャンバス内レンダリング】ではなく【レンダリング】を選択すれば、バックグラウンドでのレンダリングが可能。【レンダリング設定】でピクセル数やファイル形式などを設定して【レンダリング】を実行すれば、画面左下にある【レンダリングギャラリー】にレンダリング画像が保存されます。この機能の優れているところは、レンダリングをしている最中でも再度【レンダリング】を実行すれば、次のキューとして設定できることです。

18

こちらがレンダリングをし終えた画像。豊富なライブラリを備えているうえに光源の設定も簡単なので、レンダラーとしても扱いやすいのが『Fusion 360』の特徴です。モデリングしていく過程も面白いのですが、モデリング後にCMFを決める作業もとても面白いものです。なお、作業スペースを【アニメーション】にすれば、モデリングしたものに動きを加えて、映像を作ることも可能。『Fusion 360』はパラメトリックな設計とデザイン、レンダリング、プロモーション映像まで一貫して行えてしまう、優秀な3D CADだと思います。

小西哲哉
Tetsuya Konishi

exiii 株式会社 CCO / Co-Founder
tetsuya.konishi@exiii.jp

PROFILE

千葉工業大学大学院デザイン科学専攻を卒業後の2010年、パナソニック株式会社デザインカンパニーに入社。ビデオカメラやウェアラブル機器のデザインを担当。2014年、義手開発に取り組むため同社を退職、共同でexiii株式会社を設立。

INTERVIEW

――お仕事について教えていただけますか？

2013年頃から、仕事とは別に放課後活動的に筋電義手・handiiiの開発を開始しました。JAMES DYSON AWARDに入賞したことをきっかけに、本格的に義手開発に取り組むことにして、2014年にパナソニック株式会社を退職。3人のメンバーでexiii株式会社を設立しました。その後はクリエイティブ面を担当し、オープンソース義手・HACKberryの開発を行いつつ、自社以外のチームともコラボしながら家電製品や福祉機器など、多岐にわたる製品デザイン

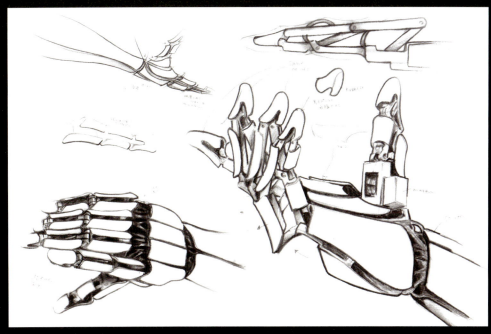

handiii のアイデアラフスケッチ

HACKberry を装着した義手ユーザー・森川さん

exiii 株式会社のオフィス

を行っています。

——ものづくりにおいて気を付けている点は何ですか？

HACKberryは腕を失った方が使うことで、彼ら自身が自信を持って生活できるようになるだけでなく、周囲の人々が「かっこいい」「自分も付けてみたい」と思わず羨ましくなってしまうような、価値観を変えることをデザインコンセプトにしています。そのコンセプトをベースに、義手以外のデザインをする際にも新しい価値観を吹き込むように心掛けています。

——あなたにとって3D CADとは、どのようなツールですか？

イメージしたりスケッチしたもののディテールを詰める際に必要なツールです。ディテールといっても形状や色などの外見から、部品同士の干渉や合わせ方、量産時に必要な肉厚や抜き勾配等の細部の調整まで、デザインをするうえでの大部分の工程は3D CADで行っています。

——『Fusion 360』を活用する場面はいつですか？

モデリングは別の3D CADを使って行いますが、部品同士の干渉を見たり、機構部品の動きを確認するときは『Fusion 360』を使います。また、モデリングしたもののイメージを確認するためレンダリングしたり、プレゼンテーションに使うアニメーションを作成する際にも利用しています。

——『Fusion 360』の魅力とは？

他の3D CADよりも圧倒的に安価なうえ、非常に高機能な点です。他の3D CADや3D CGソフトとの互換性も高く、さまざまなファイル形式を読み込めるので、複数のソフトを使うユーザーにとっては中間ハブとして利用できるパワフルなソフトです。データをオンライン上でリアルタイムにやり取りすることもできるので、チームを組んでデザインする場合にも欠かせないツールとなっています。

GALLERY

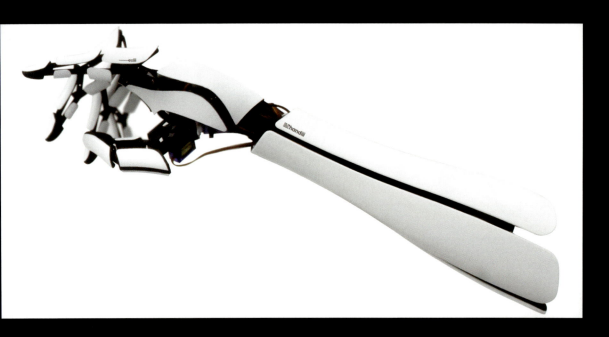

筋電義手 handiii

従来の筋電義手は1本150万円以上もするうえに、外見も肌色のカバーを被せたものが主流で、ユーザーにはデザインの選択肢がありませんでした。handiii は 3D プリンタを利用することで安価に作成でき、デザインも従来のものとは全く異なる筋電義手です。
JAMES DYSON AWARD 2013 国際準優秀賞受賞
iF DESIGN AWARD 2015 GOLD 受賞

電動義手 handiii COYOTE

ソケット部分を工夫し、ユーザーによって異なるさまざまな腕の太さ、長さに対応できるようにした handiii の改良版です。
第18回文化庁メディア芸術祭 エンターテインメント部門 優秀賞受賞

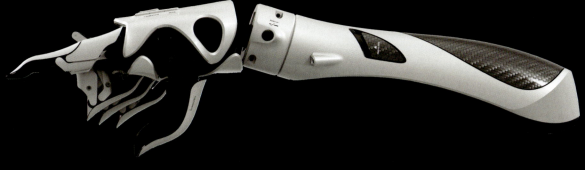

オープンソース電動義手
HACKberry

3Dプリンタを活用することにより、製造コストを大きく抑えました。また、設計データを全てウェブ上に公開し、世界中の開発者・デザイナーに無償で提供。機能やデザインの選択肢が連鎖的に追加されていく仕掛けを作っています。
GOOD DESIGN AWARD 2015 GOLD AWARD・BEST 100受賞

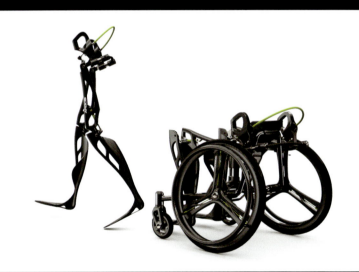

カーボン下肢装具 C-FREX

カーボン素材の特性である「しなやかさと強靭さ」を生かした脊髄損傷者用長下肢装具。運動麻痺によって自力での歩行が困難な人でも、脚を外骨格構造で支えることで、立位・歩行が可能となります。従来装具の問題点を解決するために、①軽量化、②膝関節の屈伸動作の円滑化、③無動力での歩行動作実現を目標に掲げて、鋭意開発を進めています。
JEC INNOVATION AWARDS 2016 受賞
Partner : Noritake Kawashima, Research Institute of NRCD / Uchida Co., Ltd. / Daiya Industry Co., Ltd. / Ken Endo, xiborg

オープンソースドローン X VEIN

これまでのドローンは製品自体を軽くしなければならない制約から、自由度が低い画一的なデザインをしていました。X VEIN はオートデスクの協力のもと構造最適化、ラティス化を行うことで、自由な形をしていながら軽くて丈夫な構造となり、ドローンのデザインの可能性を広げるものとなっています。
Partner : YUKI OGASAWARA / RYO KUMEDA / AUTODESK

電動義足
SHOEBILL

近年のロボット技術の進化により、ここ十年ほどあまり変化のなかった義足に大きな変化が起こっています。義足は一般的に受動的な要素で構成されているものが主流ですが、能動的に動くようになれば、ユーザーはより自然な動きが可能になります。
（http://xiborg.jp/ より）
Partner : Ken Endo, Xiborg

JackIn Head

「人へのテレプレゼンス」のための360度全周囲を撮影・伝送可能なウェアラブルカメラによる、体験伝送システムです。装着者の全周囲映像をスタビライズして他者にリアルタイム伝送することで、他者がその全周囲映像をヘッドトラッキングHMDやスクリーンで自由に見回して観測し、装着者とコミュニケーションすることができます。
（https://www.sonycsl.co.jp/project/2373/より）
Partner : Shunichi Kasahara, Sony CSL / 東京大学暦本研究室

水洗い掃除機 switle
スイトル

現在お持ちの家庭用掃除機の先端に取り付けるだけで、その掃除機を水洗い掃除機に早変わりさせる、世界初のクリーナーヘッドです。
Partner : sirius / Kawamoto gijutsu kenkyuujo / YUUKI grope / MIRAI YOHOU

PROCESS of WORK in Fusion 360

オープンソース電動義手 "HACKberry" のレンダリング

普段デザインをする際、私は何種類かのレンダリングソフトを使っています。レンダリングソフトは細かい設定をしなければ結果が得られないため、作業に時間がかかります。しかし『Fusion 360』のレンダリング機能は、手軽に短時間で空気感のある素晴らしいレンダリング結果を得ることが可能です。ここではモデリングしたHACKberryをレンダリングするまでの工程を紹介します。HACKberryのモデリングデータに関しては、オープンソースコミュニティ上（http://exiii-hackberry.com/）で規約をよく読み、同意していただいたうえで、ダウンロードしてご利用いただけます。初めて『Fusion 360』のレンダリング機能を利用する方は、練習用に使ってみてください。

HACKberryのレンダリングイメージ

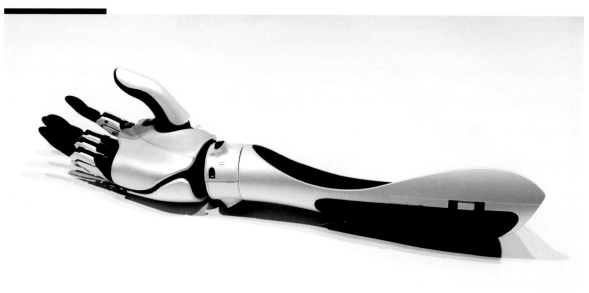

3Dプリント後に組み上げたHACKberry

01

HACKberryのモデリングデータをダウンロードするため、まず始めにHACKberryのオープンソースコミュニティ（http://exiii-hackberry.com/）にアクセスしてください。規約を読んで同意していただいたら、ヘッダーメニューの❶【DATA (GITHUB)】から「GITHUB」に進みます。続いて、【HACKberry-hardware】→【3D】→【HACKberry_v1.stp】と進んだら、❷【Download】と書かれたボタン上で右クリックをし【名前を付けてリンク先を保存】を選択して、モデリングデータをダウンロードしてください（ダウンロードするためには「GITHUB」にサインアップする必要があります）。

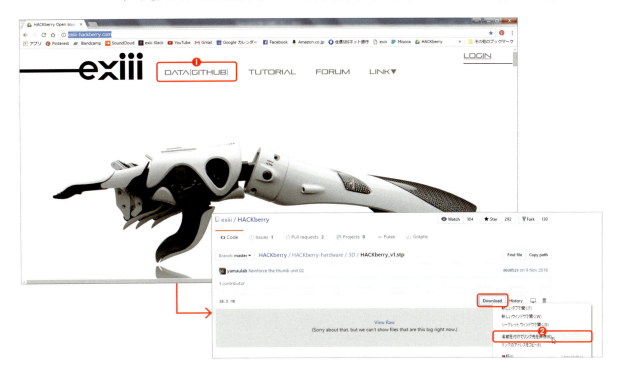

02

『Fusion 360』を起動し、❶先ほどダウンロードしたHACKberryのモデリングデータを選択して、❷アップロードします。環境によっても異なりますが、約2〜3分でアップロードできるでしょう。なお、今回はファイル形式「.stp」を選択しましたが、『Fusion 360』はファイルの互換性が高いため、「GITHUB」内にある「.iges」や「.x_T」も利用可能です。

03

アップロードしたファイルを開けば、HACKberryのモデリングデータが表示されます。レンダリングをする工程では不要なパーツが幾つか入っているため、**【ブラウザ】**でそのパーツに付いている電球マークを消灯して非表示にしてください。

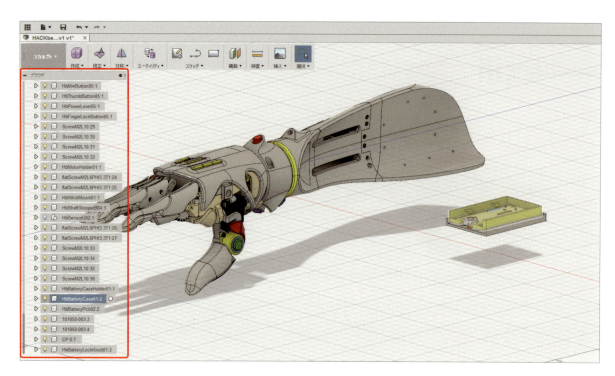

04

作業スペースを**【レンダリング】**に変更すると、このような輪郭線の消えたシェーディング表示になります。現状、モデリング時に分かりやすいよう色分けしているため、見た目のイメージをつかみにくいかもしれません。そこでまずは各パーツのマテリアルを指定していきます。

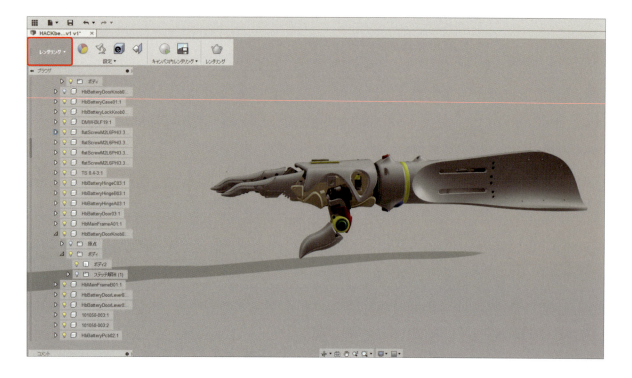

ツールバーの❶【設定】にある【外観】をクリックすると、❷マテリアルの【ライブラリ】が表示されます。『Fusion 360』のライブラリには高品質なサンプルが多数保存されているので、それらを利用するだけで簡単に素晴らしいレンダリング結果を得ることができるでしょう。自由に色や材質を選択すればいいのですが、今回は最もベーシックなカラーの【白 ー カーボンカラー】にしていこうと思います。マテリアルのサムネイルを、各パーツにドラッグ＆ドロップしていくだけで適用できます。

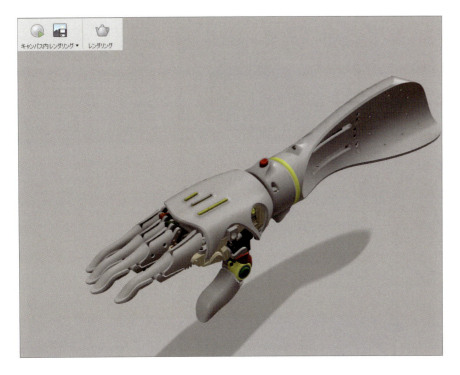

ひとつずつ指定してもいいのですが、マテリアルを指定するパーツを❶【ブラウザ】で複数選択して、❷選択したマテリアルのサムネイルをドラッグ＆ドロップすれば、まとめて適用することもできます。

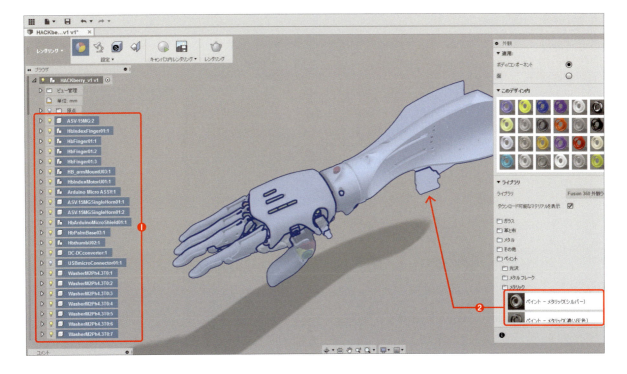

後の工程での作業効率を上げるため、塗装等の後処理をする前のプラスチックの色を指定しておきます。今回は【プラスチック】→【不透明】→【プラスチック − マット（黒）】を全ての部品に割り当てました。なお、別の3D CADソフトで作成したデータを『Fusion 360』にインポートした場合、余計なマテリアルが大量に入っています。マテリアルを調整する際の作業効率を上げるため、それらは全て削除しましょう。

ここからはこの黒い樹脂の塊に塗装をする感覚で進めていきます。『Fusion 360』ではパーツごとだけではなく、面ごとに色を変えることもできるので、パーツとパーツの分割ラインの検討にも使えるでしょう。まずは【外観】の【適用】を【ボディ/コンポーネント】から【面】に切り替えます。【面】に切り替えることで、細かく適用範囲を選択していくことができます。

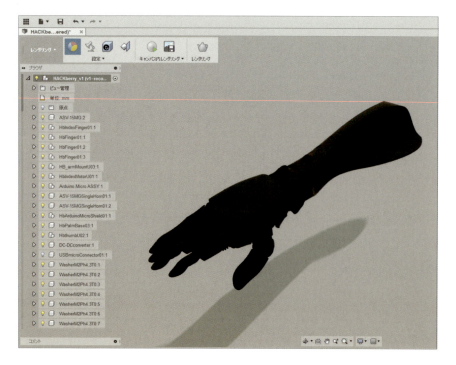

09

ある程度、面を選択したら❶【適用】を【ボディ/コンポーネント】に戻し、❷【ペイント】→【メタリック】→【メタリック（シルバー）】を適用します。

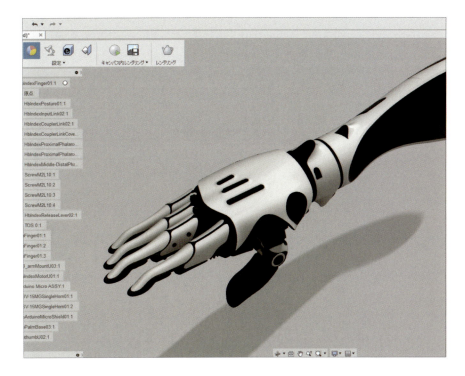

10

バッテリー蓋のパーツには【その他】→【カーボンファイバー】→【カーボンファイバー - 綾織】を適用します。

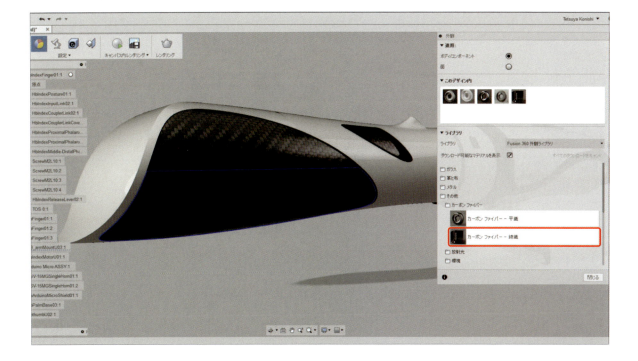

11

カーボンファイバーの柄の大きさや色などは、❶マテリアルのサムネイルを**ダブルク リック**すると表示される❷**パラメーター**で、好みのものに変更します。

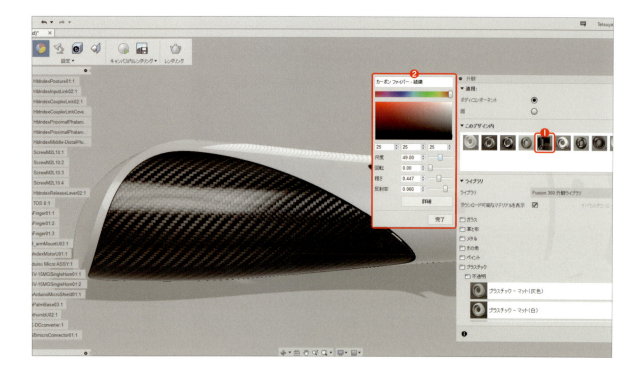

12

同様に細かい部品にマテリアルを適用したら、イメージ通りに仕上がっているかを確認するため、❶【キャンバス内レンダリング】を有効化してレイトレーシングを開始しましょう。このとき❷【キャンバス内レンダリングの設定】で❸【パフォーマンス オプション】を【詳細】に設定しておくと、透明な材質や表面の反射の精度を高めることができます。

13

色のイメージを確認した後、いったんレンダリングを無効化して環境を調整します。❶【設定】→【シーンの設定】内の❷【環境ライブラリ】に高品質な背景セットがありますので、それを利用します。今回は❸【寒色ライト】を適用しました（これもドラッグ＆ドロップで適用できます）。

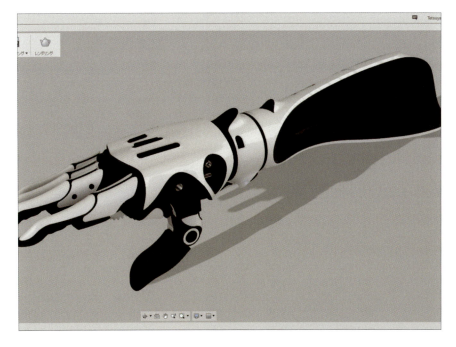

14

同じ【シーンの設定】内の❶【設定】を表示して❷【位置】の横にある十字アイコンをクリックすると、❸適用した環境を回転させることができます。そうすることでハイライトが移動するので、面がきれいに滑らかにつながっているかを、光の反射で確認しましょう。また❹【カラー】の横にある色付きのボックス（ここではグレー）をダブルクリックすれば、背景色を変えることもできます。

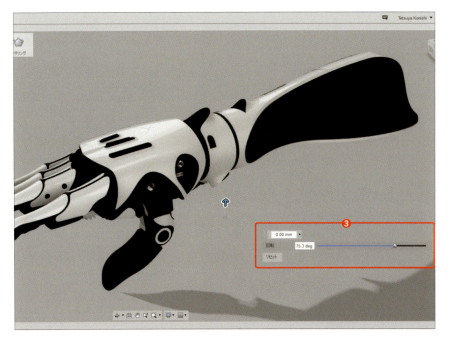

15

最後に❶【設定】→【デカール】を選択し、❷【イメージを選択】の右にあるアイコンをクリックしてロゴマークを読み込み、❸好きな場所に貼り付けて製品のグラフィックを検討します。「.png」や「.psd」のデータも扱えるため、ロゴマークの背景色を透明にしておけば、きれいに貼り付けることができるでしょう。

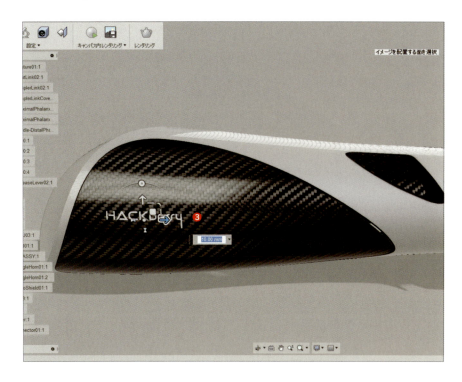
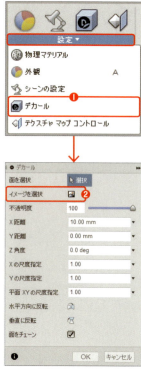

16

レンダリングの見栄えとして重要なグラウンド面への影の落ち方を自然にするため、いったん作業スペースを【レンダリング】から【モデル】に変更して各パーツを移動していきます。

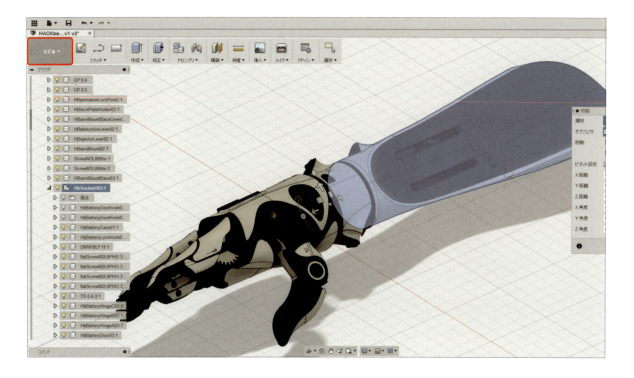

17

『Fusion 360』では移動も簡単に行えます。❶移動する部品を全て選択したら❷【ピボット設定】を選択。❸円の中心を選択することで、回転軸を設定できます。各部品をイメージに近い位置まで移動させましょう。

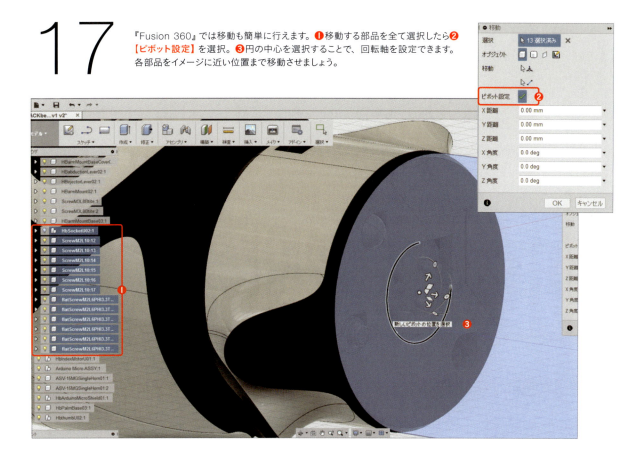

18

以上で全ての設定が完了しました。❶作業スペースを【レンダリング】に変更し、❷好きな角度でレンダリングを開始しましょう。現在のバージョンの『Fusion 360』では「解像度＝72」以外は設定できないため、さらに高画質のものが必要な場合は【クラウドレンダラ】を利用することになります。モデリングで苦しい思いをして制作したものがビジュアル化するのは非常に嬉しいので、デザインをするうえでレンダリングは大好きな作業のひとつです。レンダリングをモデリングの合間に行うことによってデザインの精度も上がるので、気軽にビジュアル化できる『Fusion 360』のレンダリング機能をぜひ使ってみてください。

柳澤郷司
Satoshi Yanagisawa

Triple Bottom Line
Design Director
enquiry@triplebottomline.cc
http://www.triplebottomline.cc

PROFILE

イギリスの大学を卒業後、ロンドンのスタジオやデザインコンサルタント企業でデザイナーとして活動した後、2014年に帰国。自身の活動の場として、Triple Bottom Lineを設立。一般的な意匠デザインだけではなく、ものづくり全体を取り巻く環境をもっと面白く魅力的にするため、積極的に新しい素材・製法の活用提案や用途事例開発、ブランド立ち上げやマネジメント方法などの提案を行なっている。

INTERVIEW

——ものづくりにおいて気を付けている点は何ですか？

工業デザインはさまざまな制約の中で試行錯誤し、最終的な形状が決定されていきます。我々のようなデザイナーが最初に思い描いた形が、最後まで何の変更もなしに実現することはありません。開発作業の中で失ってはいけない、製品ごとの大切な要素をいかに守りながら製作を進めていくのかが、デザイナーに求められる最も基本的かつ大切な能力だと考えています。

金属3Dプリント自転車の試作時の様子。チタン製3Dプリントのジョイントとカーボンのパイプをつないで、実用可能な製品を作ることができないかという一連のプロジェクトの初期作品。

ドイツのデザイン賞・iF Design Awardを受賞したOTTOの初期スケッチや、世界最大のデザインの展示会・Milano Salone Satellite 20 years Exhibitionでコレクションに選ばれた、Moc Tableのサイズ検証用スケッチ。

ジェネラティブな形状を作る際でも、アプリだけではなく、まずは手描きでどういうものを作りたいのか考えます。

──あなたにとって3D CADとは、どのようなツールですか？

少しでも手に馴染むようなツールを見付けようとした結果、3D CADにたどり着いています。筆記具と同じように、3D CADがなければどんな簡単なプロジェクトだとしても仕事になりません。

──『Fusion 360』を活用する場面はいつですか？

意匠検討を行うものにもよりますが、例えば本体内部に機構品が内蔵されているものの検討を行う際には、最低限守らなければならない箇所などをセーフティーエリアとして描画した後、スケッチやサーフェスモデリングを活用して簡単な外形線のアタリを出します。これは3D CADを使ったモデリング全体に言えることですが、画面の中だけで作業を完結させてしまうと、実感（マッス）に欠けた設計となることが多いので、なるべく早い段階で実物大のモデルを製作して、実際に手に取ってみることを心掛けています。3D CADや製造技術の進歩で、どんどん高精度な加工・製造が可能になっていますが、それを実際に使う人間は昔からそれほど変わっていません。そのギャップを常に念頭に置いて、設計を進めることが肝要です。

──よく使用する『Fusion 360』の機能は何ですか？

スケッチ、スカルプト、解析など。

──『Fusion 360』の魅力とは？

一長一短はありますが、ひと通りのことをそれなりにパッケージの中で完結させることができるのは、非常に便利だと感じています。まだ年若いアプリですので、開発現場とユーザーとの距離が近いところも良いと感じています。もちろん、それが原因で熟れていない機能などもありますが、修正や改善のサイクルが早まることにもつながりますので、今後に期待できるアプリだと思っています。

GALLERY

EAU
LED Smart
Task Light

コンベックスレンズの集合体を氷に見立てたタスクライト。「EAU＝水」という名称の通り、すべてのエレメントが滑らかにつながるよう、サーフェスモデリングのノウハウを総動員して製作。

2016 Salone del Internazionale del Mobile
Fuori Salone Exhibition Spazio Rossana Orlandi

毎年４月にイタリアで開催される、世界最大のデザインの展示会・ミラノサローネでの作品展示と会場設営の設計に『Fusion 360』を活用。実際に施工を行う業者とのやり取りは主に画像ベースとなるため、完成図を共有しやすく修正が容易なプロセスの構築に非常に役に立ちました。

Moc Side Table

一見、成立不可能に思える見た目のインパクトを優先しながら、実用品として成立するよう設計しています。

ORBITREC

3Dプリント製の部品を使って、量産品を製作するというプロジェクトから生まれた競技用自転車。フレームの各ジョイント部にチタン製のプリント品を使うことで、従来とは比較にならないほど短期間でのオーダーと幅広い対応を実現しました。

AWA

植物の成長パターンの規則性にのっとった、ミニマルな植物育成機。表面積を最小にできるよう、ウィア＝フェラン構造を元に全てのコンパートメントを設計しました。

Botanic Drip

金属3Dプリント製の筐体を研磨加工することで、従来は難しかった薄肉で複雑なディテールを施すことを目標に製作した、吊り下げ照明モデル。直径6mmの内部空間に、全ての機構部品を格納しています。

PROCESS of WORK in Fusion 360

3Dプリントバイク "ORBITREC" の制作

ORBITREC（オービトレック）の設計は、その大半を『Fusion 360』で行いました。本来オーダーメイド品である本製品は、サイズごとに設定しなければならない箇所が多く、その度にイチから設計していたのでは処理が煩雑になるため、ヒストリー機能とスケッチ機能を活用して極力省力化を図りました。また、異素材であるカーボンパイプとの接合部分は、クリアランスの設計も重要になってきます。ここではそれらの手順を紹介します。

仕上がり後のイメージは、その後の工程に進む際の基準として使うことも多いので、素材感が伝わりやすいよう工夫します。

※英語版『Fusion 360』を使用して制作しています。

作業データを出力して最終的に仕上げた、ORBITREC市販モデルのフレーム。

完成したフレームに市販の自転車用部品を組み込み、実際に使用できる状態にしたもの。自作の部品だけでなく、市販の製品もトラブルなく組み込むためには、設計の段階からしっかりと制作する必要があります。

01

まずは全ての基礎となるフレーム（スケルトン）のジオメトリを、【SKETCH（スケッチ）】を使って描いていきます。拘束条件を活用して、異なるサイズのフレームジオメトリを設計する際にも流用できるよう留意しておきます。

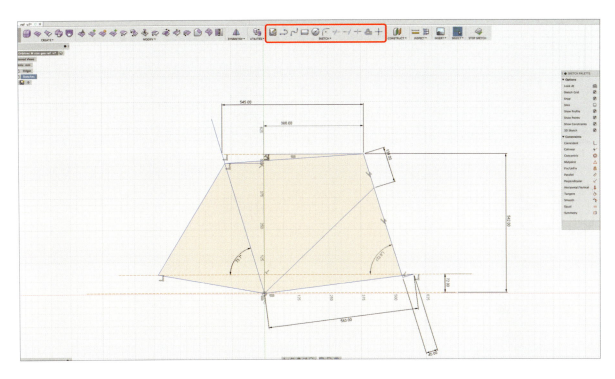

02

ジオメトリが確定したら【SKETCH（スケッチ）】と【CREATE（作成）】→【Loft（ロフト）】などを組み合わせて、フレームの主要パーツのデザインスタディーを進めます。その際、絶対に守らなければならない寸法や交差などをあらかじめスケッチしておくと、うっかりミスを防ぐことにもなります。

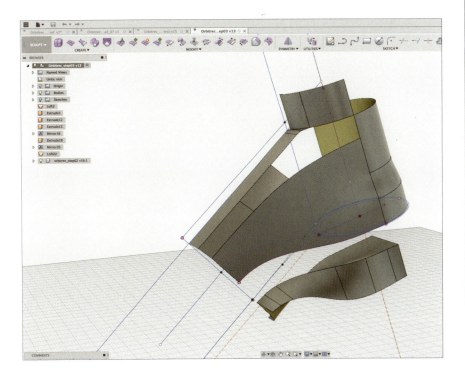

POINT

　今回は特に後加工の方法も含めて、フレームの顔とも言えるヘッド側の造形をサーフェスモデリングの手法を用いながら説明します。

　『Fusion 360』での意匠設計は、基本的にふたつのモデリング方法を併用しながら行います。ひとつは、拘束条件を積み重ねてプリミティブな形状から最終形を導き出す、機構設計を得意とするソリッドモデリング。もうひとつは、ポリゴンモデリングのような自由なスタイリングを可能にした、スカルプトモデリングです。しかし、それぞれに一長一短あるのもまた事実です。

　ソリッドモデリングのみでは審美性の高い意匠を構築することは非常に難しく、また機構的に正確なモデリングをスカルプトモデリングのみで行おうとするのもまた非常に困難です。そうした場合、これ以降紹介するサーフェスモデリング（パッチモデリング）を行うことで、うまく処理することができます。

03

右の画像は、設定した基本ジオメトリにヘッドパーツに圧入するベアリングスリーブと、圧入後にそれを削って水平を出すフェイシングカッターを配置したものです。今回のモデリングで求められるのは、このベアリングスリーブを内蔵しながらも、フェイシングカッターに干渉しない設計です。

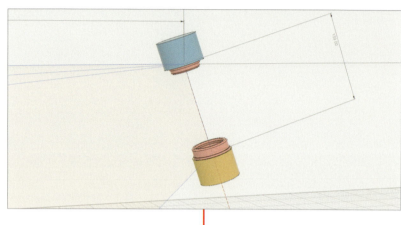

ただし、残念ながら、完成したジオメトリにそのままパイプを配置しても、ベアリング幅が十分ではありません。また、カッターに完全に干渉してしまっています。

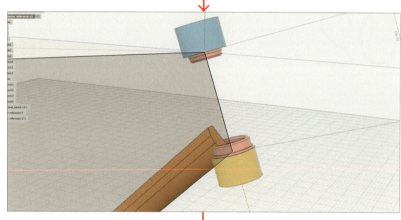

そこで、下側のパイプの取り付け位置をカッターに干渉しない位置まで持ち上げ、同時にベアリングスリーブを確実に内包できる外形線を【SKETCH（スケッチ）】で描画していきます。その際、プロジェクションツールなどを活用して、既存の部品の外形線をスケッチに取り込んでおくと、線の構築に役に立ちます。

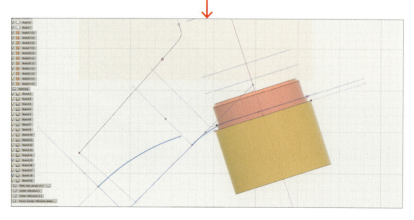

04

パーツごとの干渉に気を付けながら、【CREATE（作成）】→❶【Extrude（押し出し）】や❷【Loft（ロフト）】などのコマンドを使って、面ごとに構成していきます。この際に気を付けることは、比較的単純なラインから先に構築することです。それによって、次の面を構築する際の足掛かりを作ることができます。

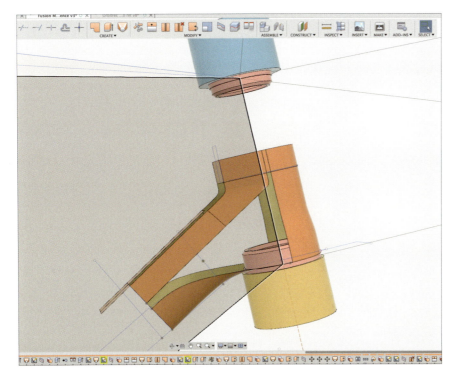

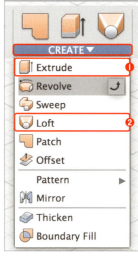

05

プロジェクションで制作したカーブをコピーして、【Loft（ロフト）】のガイドに使います。単純に【Extrude（押し出し）】で整形してもいいのですが、面のつながりを気にしたので、【Sweep（スイープ）】機能を活用しています。

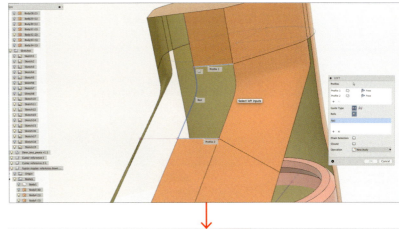

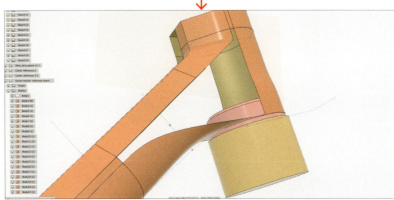

また、『Fusion 360』のパッチコマンドは非常に強力なので、比較的面が交差しているこのような造形でも、ほぼ一発で面を貼ることができます。

06

形状がある程度決まったら、一度ソリッド化しておきます。これは後に行う厚み付けのほか、ベアリングブッシュマウントの組み付け交差などをしやすくするための措置です。

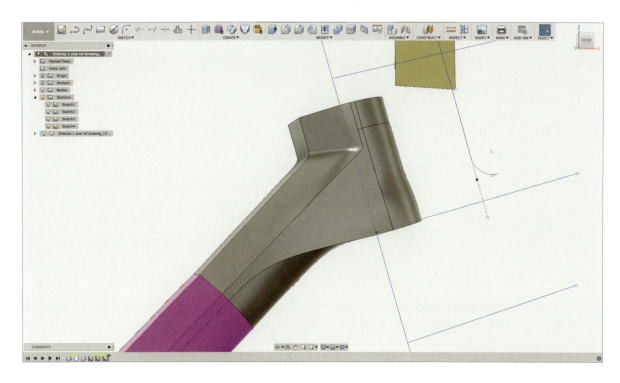

07

ガイドとなるプロファイルをスケッチして作成した後、【CREATE（作成）】→【Extrude（押し出し）】により、フレーム前部（ヘッドチューブ）の造形を一気にしてしまいます。意匠に直接関係ないような箇所は省力化して、一気に進めてしまう方が全体的に効率的です。

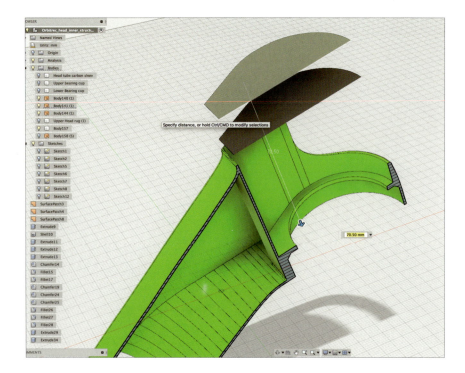

自転車のパーツの中でもフレーム前部は、さまざまな機構が交差するため細かな作業が必要となります。そこで【SKETCH（スケッチ）】であらかじめ位置を決めておいた箇所に、**【MODIFY（修正）】→【Align（位置合わせ）】**を使ってスナップさせていくことで、余計な操作ミスや配置エラーを防ぎながら制作できます。その際、適宜断面表示や重複表示などを使い、目視でも確認することをおすすめします。

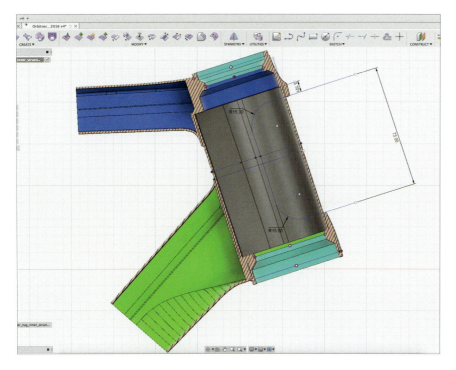
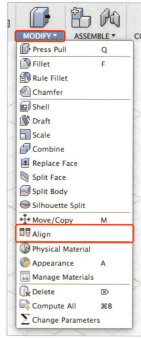

ひと通り作り終えたら、【Appearance（外観）】コマンドで簡単に全体的な見栄えなどを確認して、より完成時のイメージを確実にします。また、【Fillet（フィレット）】などでキャラクターラインを作る際には、ハイライトがつながっているかなども確認しておきましょう。

ヘッド以外のパーツもすべて同様の手順を用いて順次制作した後、【Align（位置合わせ）】を使用してパーツ同士の配置を確定。最終的に【ASSEMBLE（アセンブリ）】でフレームの形にします。

番外編：小物類の試作切削

01

ORBITRECでは、フレームに使用する小物類も、全て自分で設計しています。下の画像は、後輪の車軸留めと変速機を取り付けるハンガーが一体化したものです。このように頻繁に交換が必要で、なおかつフレーム構造材よりも柔らかい素材で製作することが求められるような部品は、3Dプリンターで出力するよりもCNCなどを用いた切削加工で製作した方が早く確実なので、それらのデータも用意します。

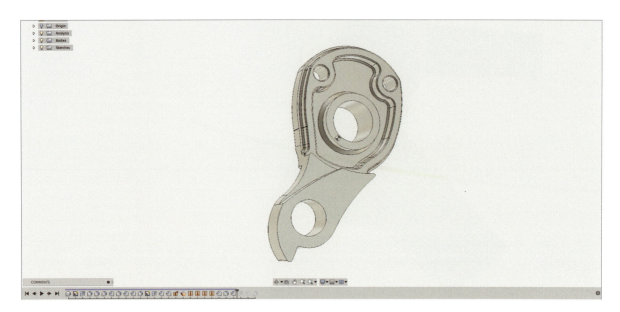

02

設計完了したデータを工場に送れば、自分の作業はひと段落します。しかし、不必要な手戻りを防ぐためにも、CNCで加工を行う際のCAMデータのシミュレーションも行い、造形可能な形状なのか確認しておくと安心です。設計中はフレームのジオメトリに合わせて制作しています。従って、CAMデータの作成に際しては、部品ごとの上下方向のオリエンテーション（配置情報）を個別に設定する必要があり、なおかつ、その配置材に工作機械（ツール）をどの方向に走らせるのかを設定しておく必要もあります。ここではZ軸（上下方向）からX軸（横方向）を指定して、ツールパス（実際に工具が動くライン）の作成シミュレーションに入ります。

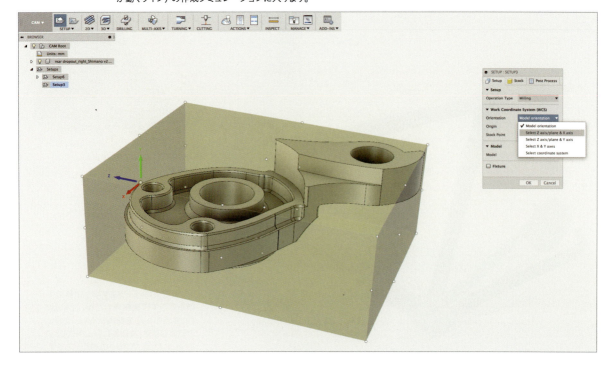

03

『Fusion 360』は、実際に使用する切削用ツールをプリセットの中から選択し、切削面を選択すれば、ほぼ自動でツールパスを描画してくれます。この時、エラー表示などがなければ、基本的には造形可能な形状であると言えます。

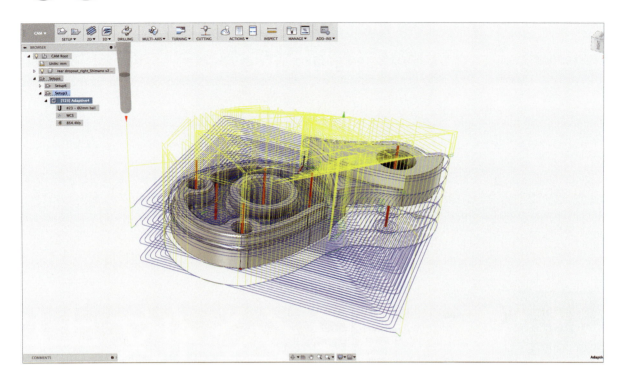

04

データを工場に送って4日後、無事に最初の試作品が届けられました。試作切削のため、まだ切削面は非常に荒いですが、規定の寸法や強度は出ていますので、そのまま試験などには使えます。このように、ある程度まで完成を見越したデータ作成を行うことで、全体の工程を短縮することが可能になる点も、デジタルファブリケーションの非常に大きな特徴であると言えます。

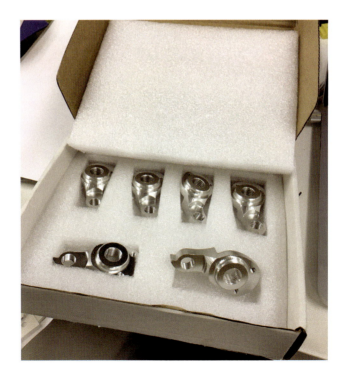

関谷達彦
Tatsuhiko Sekiya

株式会社フォトシンス
機構設計責任者
skytthk@gmail.com

PROFILE

学生時代に水中ロボットの設計開発を行う。卒業後、パナソニック株式会社に入社。スマートフォンやフィーチャーフォンのメカ設計を担当し、ものづくりの流れや製品設計、品質の考え方について学ぶ。2014年のAkerun構想試作プロジェクトに参画後、2015年より株式会社フォトシンスに入社。機構設計責任者として、製品の企画や仕様、デザインの検討、設計、量産立ち上げと、ものづくりの全ての工程に携わる。

熊谷悠哉
Yuya Kumagai

株式会社フォトシンス
共同創業者
yuya.kumagai@photosynth.co.jp

PROFILE

早稲田大学創造理工学部総合機械工学科を卒業後、パナソニック株式会社に入社し、スマートフォンのソフトウェア開発や法人向けIoT事業の開発やPRに携わる。2014年にAkerunを開発しフォトシンスを創業。商品企画からメカ設計、製造、調達など、広い領域を担当し未来のものづくりを模索している。

INTERVIEW

――ものづくりにおいて気を付けている点は何ですか？

関谷：①シンプルな形状の中に、求められる機能をいかに搭載できるかを意識しながら設計しています。機能を追求した結果生まれた、全ての形状に意味があるものに魅力を感じます。②量産品の設計においては、部品点数の最小化、金型構造・加工工程・組み立ての簡素化を意識しています。それぞれ相反する制約の中で、素早く最適解を導き出せる設計者を目指しています。③パーティングラインの位置や表面処理など、ユーザーが直

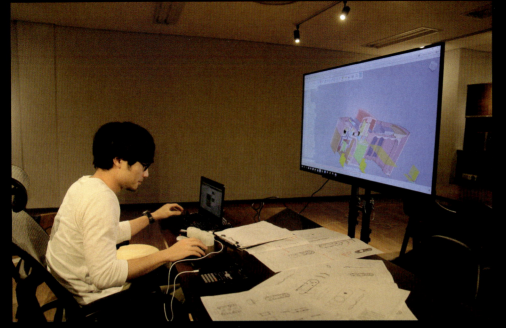

設計作業の様子

設計した部品の量産(切削加工)

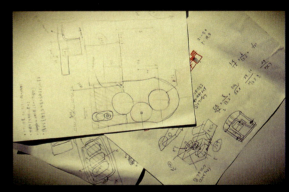

手描きの構造検討

接触れる部分のディテールを意識して、所有感を満たせるプロダクトとなるように心掛けています。
熊谷:Quality、Cost、Deliveryの全てで満足できる結果となるように、意識しながら開発しています。それらの中で最も重視しているものとなると、やはりQualityでしょう。また、スタートアップ企業として、開発や量産のスピードもとても重要です。
——あなたにとって3D CADとは、

スケッチの拘束を利用して行うなど、手描きのポンチ絵感覚で利用することも少なくありません。それにより、手描きのスケッチよりも部品同士の寸法関係をリアルに表現できるため、正確に検討を進めることができます。
——『Fusion 360』を活用する場面はいつですか?
プロダクトの開発段階で、モデリング機能やシミュレーション機能を活用するだけでなく、ユーザーに合わ

扉によっては特別対応しています。そのカスタムパーツは、社内の3Dプリンターで出力しています)。また、広告やWebサイト用のクリエイティブ画像やムービーなどにも『Fusion 360』のレンダリング機能を活用しています。
——よく使用する『Fusion 360』の機能は何ですか?
ソリッドモデリング、サーフェスモデリング、レンダリングです。
——『Fusion 360』の魅力とは?

GALLERY

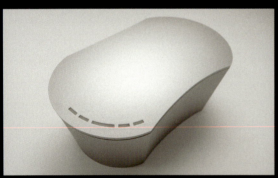

Smart Lock Robot Akerun

フォトシンス初のプロダクトで、世界初の完全後付け型スマートロック（特許取得済）です。サムターンに被せて貼り付けるだけで、普通の鍵がスマートフォンで開閉・管理できるスマートロックとなります。

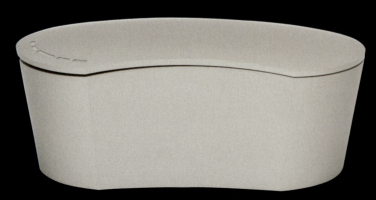

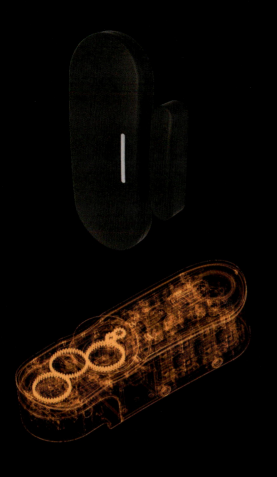

Smart Lock Robot Akerun Pro Starter Kit

初代のAkerunを、オフィスなどの企業ユースにも耐えられるようブラッシュアップしたプロダクトです。開閉速度の向上、対応する鍵の大幅な拡大といった基本性能の改良だけでなく、NFCカードによる開閉など数々の新機能も搭載しました。『Fusion 360』オンリーで設計しています。

PROCESS of WORK in **Fusion 360**

スマートロックロボット Akerun Proの設計

最初にラフモデルを描いて、サイズや内装構造、デザインを個別に検討してから、詳細設計に落とし込んでいきます。なお、ラフモデルの段階ではトップダウンモデリングを、詳細設計の段階ではボトムアップモデリングを使いました。実際は何度もモデリングと試作を繰り返しながら設計品質を高めていますが、今回はその過程を省略し、大まかな設計の流れを紹介します。

本体のほか、オートロックを実現するドアセンサー、NFCでの開閉を可能にするカードリーダーを付属しています。

付属のドアセンサー、カードリーダー、アタッチメント、パッケージを含め、全て『Fusion 360』で設計しています。

01 初期検討：サイズ

まず最初に電池、モーター、電子基板などの主要な内容物をモデリングし、プロダクトの大まかなサイズ感を検討します。電子基板に関しては、電子部品メーカーが公開している3Dデータをダウンロードし、『Fusion 360』にインポートして検討しました。

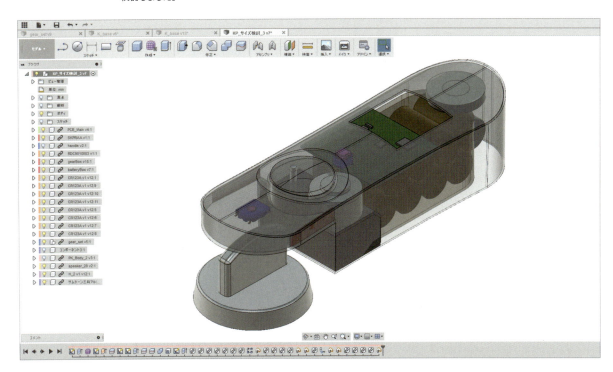

02 初期検討：デザイン

大まかなサイズ感を決定後、プロダクトのデザインを検討します。サイズを検討する段階で主要なコンポーネントの構成と配置を想定しておけば、より実現性の高いデザインを検討できるでしょう。

※画像は試作段階のものであり、形状は製品版と異なります。

初期検討：内装ラフ検討①

電池ボックスやギアなど、内装部品と筐体部品の構成を検討します。工場での組み立てやユーザーの電池交換等、設計後の工程も見据えながら部品割を考えていきます。この時点で全体の部品構成と、その部品に求められる要件を定義します。

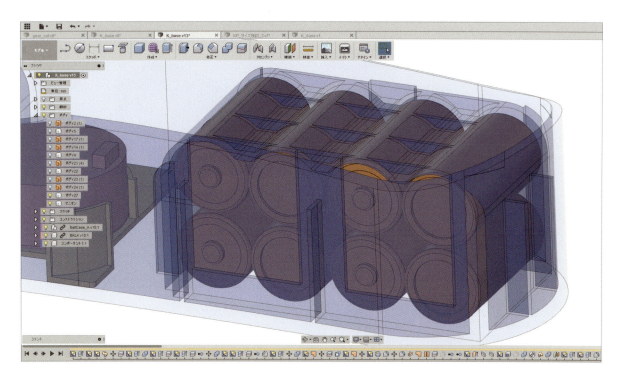

初期検討：内装ラフ検討②

ギアも同様に、ラフなモデルでパラメーターと配置、他筐体部品との関係を考えていきます。

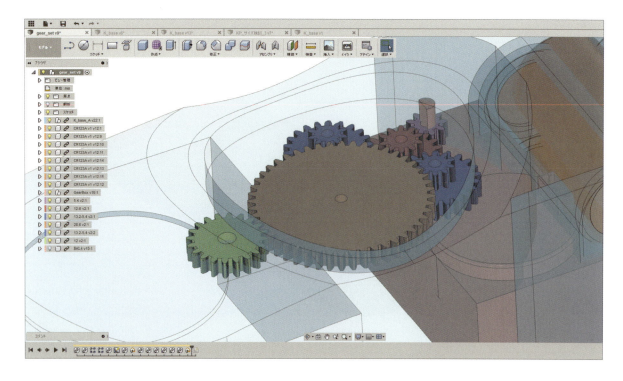

詳細設計:外装モデリング①
内装部品の構成を決定したら、詳細設計に移行します。初期検討の際はトップダウンモデリングで設計していましたが、詳細設計からは部品構成がある程度固まっているため、ボトムアップモデリングで設計していきます(画像は外装部品のベースとなる形状)。

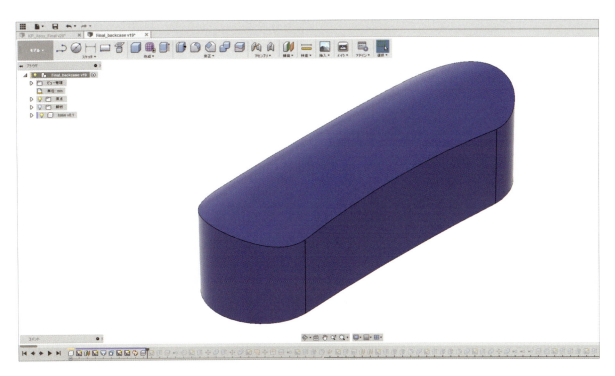

詳細設計:外装モデリング②
今回は外装部品であるTop Coverのモデリング手順を紹介します。Top Coverとは、製品正面にあるフタのような金属部品のこと。まずはベースの形状を元にして、大まかなデザインをモデリングしていきます。

07

詳細設計：外装モデリング③

作業スペースを【パッチ】に変更したら、ベース形状の正面を❶【作成】→【オフセット】で複製します。Top Coverの全体的な厚さを3mmにするため、❷【距離】は【-3mm】に設定しました。

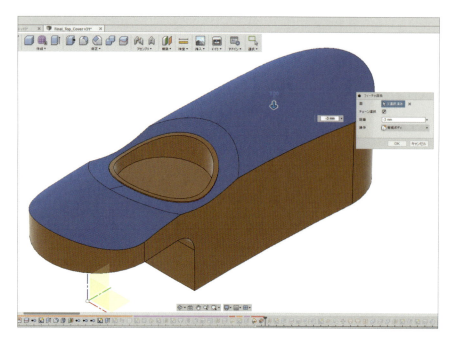

08

詳細設計：外装モデリング④

作業スペースを【モデル】に変更したら、❶【修正】→【ボディを分割】を選択。オフセットして作成した面をツールとして、ベース形状を分割します。分割ツールの端部と分割するボディの端部が一致していると、エラーになる可能性もあるため、❷【分割ツールを拡張】にチェックを入れておきました。

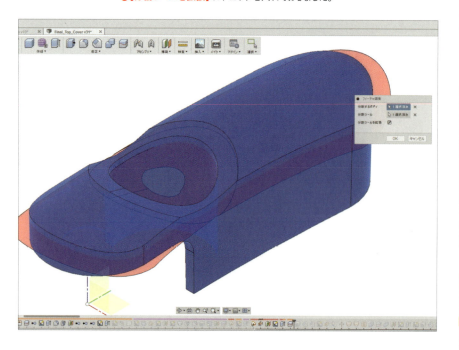

詳細設計：外装モデリング⑤
分割後、不要なボディを非表示にします。【削除】や【除去】でボディを消すこともできますが、サーフェスを作ったりスケッチを描く際にその形状を利用できることが多いため、基本的に【削除】や【除去】は行いません。

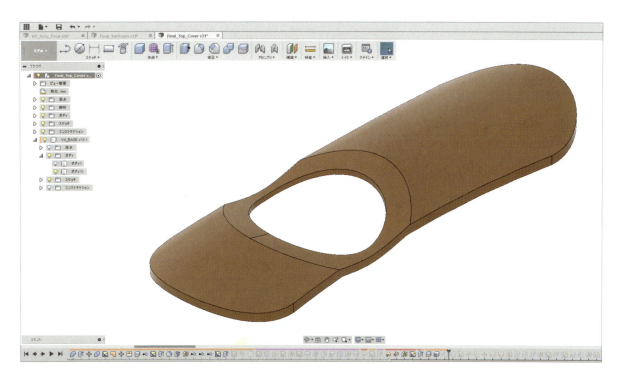

詳細設計：外装モデリング⑥
隣接する部品との関係（クリアランス設定や締結方法など）を考慮しながら、ディテールを詰めていきます。その後、外観のエッジやボスの根元に【修正】→【フィレット】を実行すれば完成です。

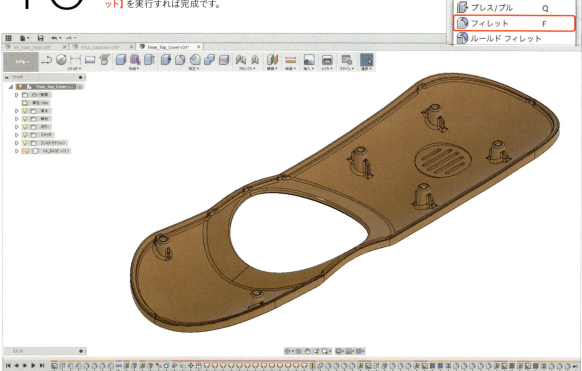

11 詳細設計：内装モデリング

多くの部品は、原点を一致させるだけで組み立てた状態になるよう設計しています。それは外装部品だけでなく、内装部品も同様です。下の画像の電子基板も、ボディから離れた位置に原点を設定しています。この原点と組み付ける対象の筐体部品の原点を一致させると、組み立てた状態になります。

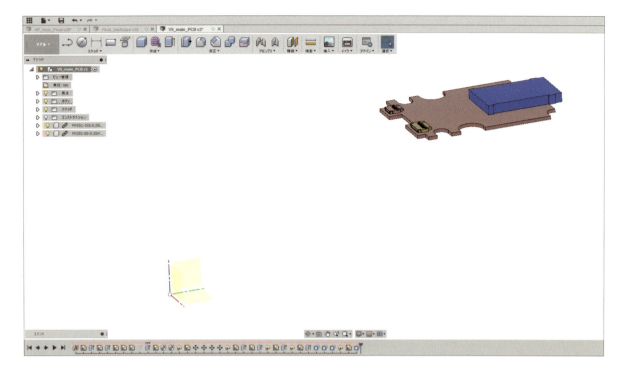

12 アセンブリ①

各パーツのファイルとは別に、アセンブリ専用のファイルを作ります。先述した通り、すべての部品の位置は外装部品の原点を基準に設計しているため、右クリックから【現在のデザインに挿入】を選択して、アセンブリファイルにパーツファイルを挿入するだけで、組み立てた状態となります。

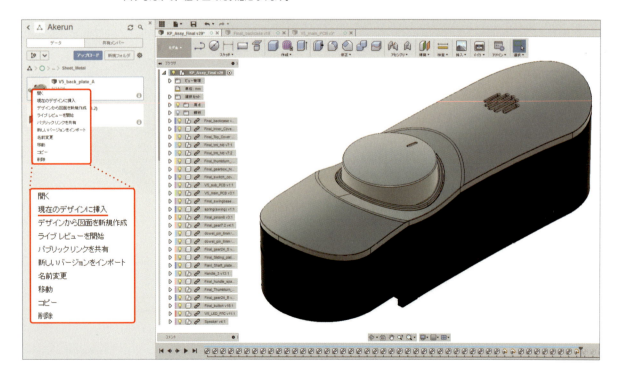

13 アセンブリ②

❶【アセンブリ】→【ジョイント】は相対的な位置を定義する機能なので、ある部品に形状変更が発生した際、隣接部品にも影響を及ぼす場合があり、その確認をする手間が増えてしまいます。特に部品点数が多いファイルでは、❷【ジョイントの原点】で原点を中心とした絶対的な位置を定義した方が、ミスを減らせるでしょう。

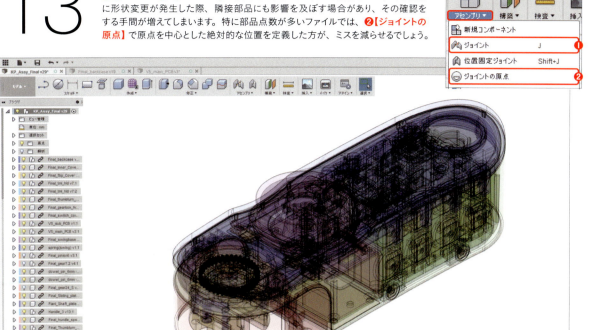

14 シミュレーション

試作品と量産品では、材料や成形方法の違いから強度に差が出てしまいます。そのため金型を起こす前に、試作の段階で部品の強度や筐体の歪みを❶【シミュレーション】で確認しておきましょう。この画像は電池を組み付けた状態での筐体部品の歪みを、❷【スタディ】→❸【静的応力】解析でシミュレーションしたものです。

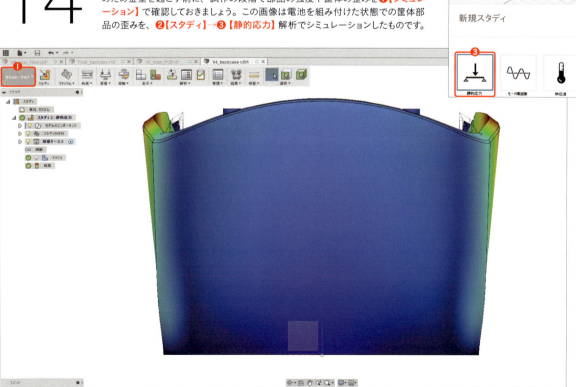

横井康秀
Yasuhide Yokoi

株式会社カブク
contact@kabuku.co.jp

PROFILE

インダストリアルデザイナー。多摩美術大学プロダクトデザイン科を卒業後、工業デザイナーとして株式会社ニコンに勤務。プロ用一眼レフカメラを始めとした光学製品のブランド戦略からユーザビリティ設計、ハードウェア開発、量産工程フォローまで、横断的な領域で従事する。2014年、ものづくりベンチャーの株式会社カブクに初期参画。デジタル製造工場のネットワーク構築と、それらをもとにしたビジネス・サービス・素材・プロダクトデザイン等の開発を担当。

INTERVIEW

——あなたにとって3D CADとは、どのようなツールですか？

仮説やアイデアを具象化して確認する際、欠かせないツールです。私は普段、想い浮かんだ曖昧なイメージをポンチ絵に描き出すことから始めています。モデリング操作が直感的な『Fusion 360』は、ポンチ絵と同じ初期フェーズでダイレクトに活用できるため、抽象的なアイデアの確認ステップとサイクルがとても速くなり、同時に精度も高くなりました。また、多様な関係者と協業するプロジェクトでは、図面やモデリング画面を随時共有したり、レンダリング画像や

オフィス風景。インダストリアルデザイナーとして、ものづくりベンチャーの株式会社カブクに初期参画し、仕組みや在り方も含めた新しいものづくりの実現に向けて活動しています。

作業風景。ラフスケッチ用の白のMOLESKINE、イメージスケッチ用のWACOMのタブレット、CAD作業用のEIZOのディスプレイを並列させて、それらを行き来しながら検討を進めます。

打ち合わせ風景。関係者が多様で多数になる企業とのビジネス開発や商品プロジェクトにおいては、さまざまなビジュアルツールを活用してゴールイメージを共有します。

アニメーション等も利用して共通ゴールを目指します。その点では、必須コミュニケーションツールと言うこともできるでしょう。

——『Fusion 360』を活用する場面はいつですか？

プロジェクトの初期段階から最終段階まで、あらゆる場面で活用しています。アイデアを具象化していく初期フェーズ、アイデアのバリエーションを出して、精度の高いプロダクトデザインを導き出す発散フェーズ、設計現場や製造現場とすり合わせて完成させるフェーズ、そのほか商品紹介ムービーでも活用しています。

——よく使用する『Fusion 360』の機能は何ですか？

ひとつはスカルプトモデリング。粘土をこねるような感覚でアイデアの展開や確認が行えるうえ、そのまま最終製造データにまで進展できるためとても役立っています。ソリッドモデリングとサーフェス（パッチ）モデリングは、ほかの3D CADソフトから移行した際にも違和感なく使うことができました。厳密な寸法管理も行えるため、設計現場や製造現場とのすり合わせ時にも活用しています。また、ヒストリー機能も頻繁に使っています。製品モデリングを進めるにあたり、各基本面やボタン類など、デザインの構成要素を初期段階から粗作成して3D上に配置します。各要素を交互に並行検討することで、全体の工数が少なくなるからです。高価格な3D CADソフトにしかなかったヒストリー機能を『Fusion 360』は備えているため、並行検討が非常に効率的になりました。そしてクラウドレンダリング。PCのパフォーマンスを損ねることなく、同時に多数の高品質レンダリング画像を作成できるため、とても助かっています（高品質レンダリングをする際は、決まって重要な締め切りの間近ですので……）。

GALLERY

Honda マイクロコミューター 豊島屋モデル

企画・デザイン・設計・製造を本田技研工業株式会社と協業し、鳩サブレーで有名な豊島屋のオリジナルニーズに応える3Dプリント車両を共同製作しました。

iiyama PC
LEVEL ∞ C-CLASS
AIR VENT HACK

パソコン工房が販売するカスタム可能な空気口パーツを備えたゲーミングデスクトップPC。3Dデータを公開しているため、ファンが思い思いにデザインして3Dプリントすることが可能です。3Dプリントプロダクトのマーケットプレイス「Rinkak」でコンテストも開催し、全世界のクリエイターから多数の応募をいただきました。

TOYOTA i-ROAD
OPEN ROAD PROJECT

パーソナルモビリティー「TOYOTA i-ROAD」をカスタマイズするプロジェクト。ユーザーの好みに合わせたデザインを作成し、3Dプリントしたパーツを提供しました。

SUMISAYA

400年以上の伝統技術を引き継ぐ刀職人が製作した日本刀と、その美しさを映し出す、3Dプリンターを使ってデザインされた鞘を発表、販売しました。

撮影：宮田昌彦

mOment
KUMO

3Dプリント技術と伝統工芸の藍染めを融合したアクセサリーシリーズ。国産ジーンズ発祥の地でもある岡山県の児島地方の職人さんと共同開発しました。

PROCESS of WORK_01　in **Fusion 360**

Honda
マイクロコミューター
豊島屋モデルの制作

本田技研工業株式会社と協業して、豊島屋のオリジナルニーズに応える3Dプリント車両を共同製作しました。鎌倉市に本店を構える豊島屋は、地域ならではの狭い道での宅配業務に課題を抱えており、また宣伝のための車両開発は時間とコストがかかることから、既成の車両を普段より使い続けていました。そこで3Dプリンターを生かしたデザイン・設計・製造を実施して豊島屋のオリジナルニーズに応え、マスカスタマイズされた車両を製作しました。

この画像はクラウドレンダリングによるもので、形・色・質感の検証、チーム共有に活用しました。特徴的なふっくらとしたフロントマスクは、スカルプトモデリングを生かして、直感的に狙い通りのモデリングを行えました。

※英語版『Fusion 360』を使用して制作しています。

01

スカルプトモデリングでオーガニックなフロントマスクを作成していきます。ボックス表示にすると調整しやすいでしょう。面、線、点だけでなく【Tangency Handle（接線ハンドル）】も操作し、時には数値入力も100分代で行いながら微調整します。

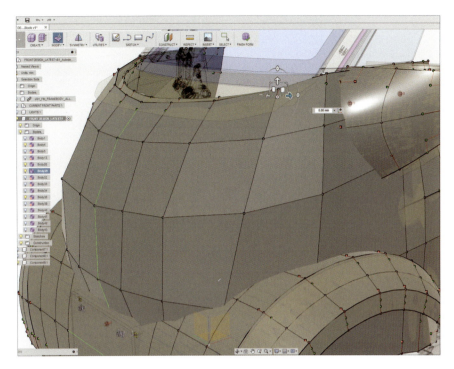

02

ボックス表示とスムーズ表示を切り替えながら、サーフェスの仕上がりを確認します。設計データ（機密上、本画像には表示していませんが）と照らし、計測ツール等で内部部品とのクリアランス確認を行って最終決定していきます。

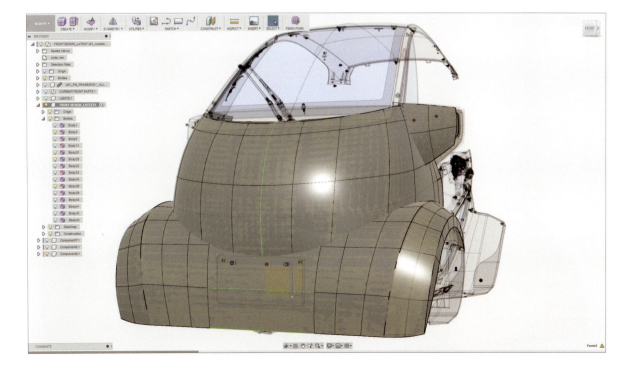

03

フロントマスクと同時に、ライト・エンブレム・ナンバープレートの土台等、構成要素とその基本面も作成して配置します。初期段階からひと通り粗作成し、交互に並行検討することで、全体工数が大幅に少なくなるでしょう。高価格な3D CADソフトにしかなかったヒストリー機能を『Fusion 360』は備えているため、並行検討もスムーズに行えます。

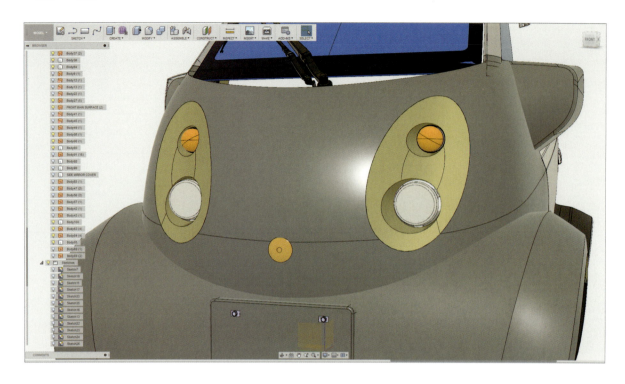

04

各構成要素が決まり次第、【MODIFY（修正）】→【Fillet（フィレット）】や【Chamfer（面取り）】等でディテールを整え、事前検討したアセンブリ計画にのっとって分割を入れていきます。3Dプリントする場合、金型とは違って抜き勾配・型割・駒分割・ゲート位置・パーティングライン等を念頭に置く必要がなくなるため、自由度とスピードが格段にアップします。

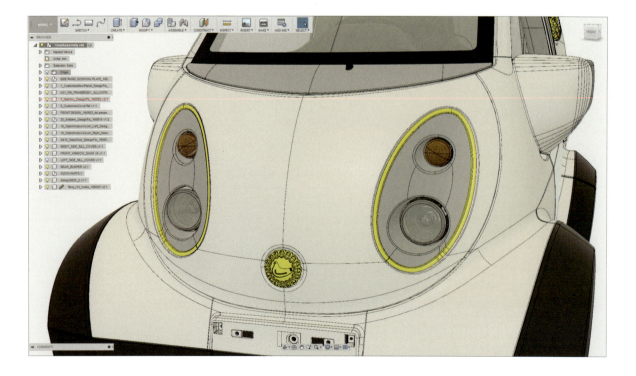

以上のようなステップを踏んで、車全体のモデリングを進めていきました。

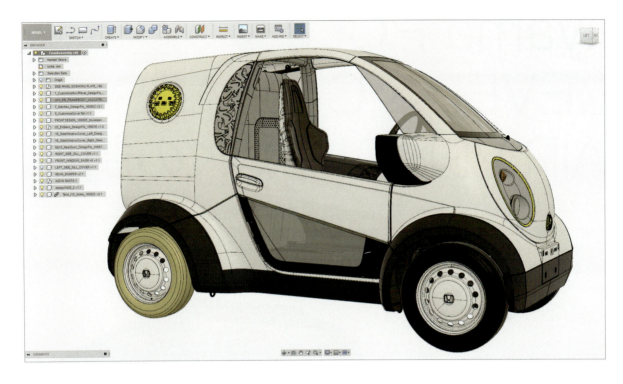

全体リアビューです。豊島屋のオリジナル段ボールに鳩サブレーの柄が印刷されていたため、その柄をスキャンして『Fusion 360』に取り込み立体化・多層化し、3Dプリントならではの表現を施しました。

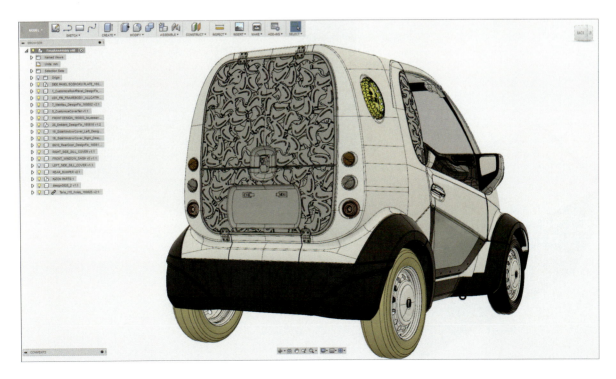

PROCESS of WORK_02 in **Fusion 360**

iiyama PC LEVEL ∞ C-CLASS AIR VENT HACKの制作

パソコン工房が販売するハイスペックなゲーミングデスクトップPC。カスタム可能な空気口パーツを備えており、そのデザインのベースとなる3Dデータのほか、カスタムデザイン例も無料でダウンロードすることが可能です（https://www.rinkak.com/jp/collection/level_infinity_airventhack_format_data）。ここでは同PCの外装をデザインする手順を、簡単に紹介させていただきます。

ソリッド／サーフェスモデリングに、一部スカルプトモデリングも取り入れて作成しました。多様なモデリング手法をハイブリッドに実施できることも、『Fusion 360』の大きな特徴です。画像はクラウドレンダリングによるものです。

01

『Illustrator』で作成した2Dレンダリングイメージを『Fusion 360』に取り込みます。

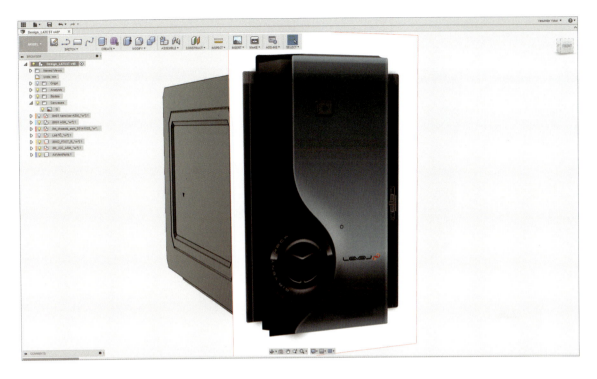

02

サーフェス機能を使って、ベースパーツ（製品の黒い部分）の基本面を作成していきます。

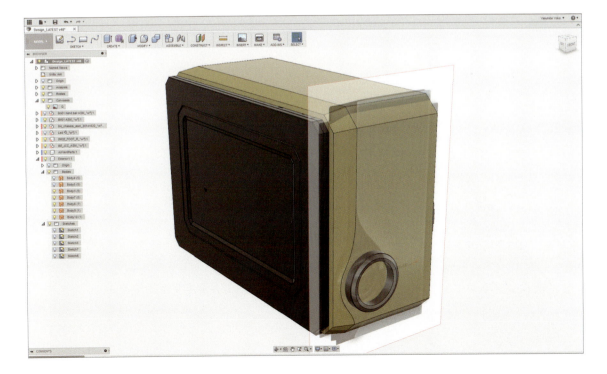

03

【Stitch（ステッチ）】でサーフェスを接合してソリッドボディ化した後、【Fillet（フィレット）】や【Chamfer（面取り）】等でディテールを煮詰めていきます。

04

スカルプトモデリングを活用し、前面パーツ（製品のメタリックシルバー部分）の基本面を作成します。画像は上面方向からのビュー。【INSPECT（検査）】→【Zebra Analysis（ゼブラ解析）】で面質を同時確認しながら微調整していきます。

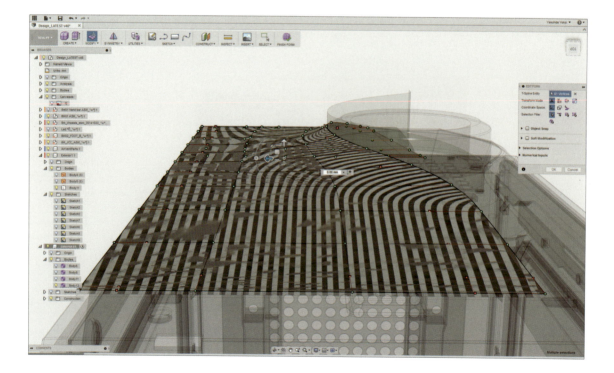

前面パーツのその他の基本面も同時作成し、全体の印象と細かい面質の調整を並行して進めていきます。

基本面が決まり次第、【Thicken（厚み）】でソリッド化し、細かいディテールや分割を反映させ整えていきます。射出成形による量産製品ですので、設計者ともやり取りしながら【Draft（勾配）】や【Shell（シェル）】などを使って、金型対応したデータに最適化させました。

YAMAG
ヤマグチケイイチ
Keiichi Yamaguchi

株式会社ILCA
CG Supervisor／Modeling Supervisor
yamagkein@gmail.com

PROFILE

東北工業大学工業意匠学科を卒業後、広告制作会社でデザインを学んだ後にコンピューターグラフィックスの世界へ。その後、フリーランスとして活動を開始（ペンネーム＝YAMAG）。静止画のCG制作を中心にキャラクターからメカニカルモチーフ、プロダクト系まで幅広く手掛ける。2002年に書籍『3ds max REALIZE imagemaker』（ビー・エヌ・エヌ新社）を執筆。その後、カシオエンターテイメント株式会社にて映画『大日本人』（2007年）、ゲームPV『Halo Legends "The Package"』（2010年）の制作に関わる。2011年には株式会社ポリゴン・ピクチュアズに参画。テレビアニメ『Star Wars：The Clone Wars』『Tron：Uprising』のモデルスーパーバイザーを担当。現在は株式会社ILCAに所属し、PV『New A-class PV：Next A-class』（メルセデスベンツ）、テレビアニメ『ラブライブ！（2期）』CGパート、PV『MetalBuild』シリーズ（バンダイ）などの映像制作業務を行う傍ら、ガンプラ『リアルグレード』シリーズ（バンダイ）のパッケージCG制作も担当。仕事とは別にワンダーフェスティバルでは、デジタルモデリングと3Dプリントを駆使して、サークル「電脳造形研究所」でメカ系ガレージキットの販売も行う。

自宅作業場の様子

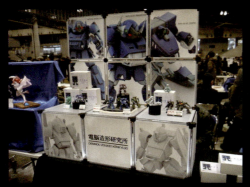

ワンダーフェスティバル参加時の様子

書籍『3ds max REALIZE imagemaker』(ビー・エヌ・エヌ新社) 表紙

INTERVIEW

——ものづくりにおいて気を付けている点は何ですか？

映像制作の仕事では、締め切りが第一です。限られた時間の中で効率よくスムーズにタスクをこなして、クライアントに満足してもらえる映像を作ること。それを念頭に置いて仕事をしています。逆に趣味のガレージキットでは、自分が作りたいキャラクターをとことん突き詰めて、自己満足も得つつ、買っていただく方に「小さいのにこれいいね、格好いいね」と満足してもらえるものを継続して作ることを心掛けています。細かい話をすると、メカものの造型においては、ディテールにこだわるよりもそのスケール感での全体のバランスを重視しています。

——あなたにとって3D CADとは、どのようなツールですか？

数あるモデリングツールのひとつです。メカものをきっちり作るのに向いているソフトという位置付けです。

——『Fusion 360』を活用する場面はいつですか？

現時点では、ワンダーフェスティバルで販売するガレージキットのデジタル原型用に使っています。クラウド上にデータがあるので、家でも電車でも会社でもいじっています。機会があれば、仕事でも『Fusion 360』を使ってモデリングしたいと思っています。

——よく使用する『Fusion 360』の機能は何ですか？

スケッチツール全般、押し出し、回転、ロフト、ブール演算、プレス/プル、面取りなど。

——『Fusion 360』の魅力とは？

映像制作の仕事で馴染みのあるオートデスク製であることと、3D CADにしては直感的にモデリングできること。WindowsやMacなどのプラットフォームに依存しないうえ、クラウドにデータがあるので、いつでも作業できる点も気に入っています。また、個人なら無料で使えることも魅力です。

GALLERY

Euro Custom Coupe
『V-Ray』レンダリング習作

Lexus IS C
『V-Ray』レンダリング習作

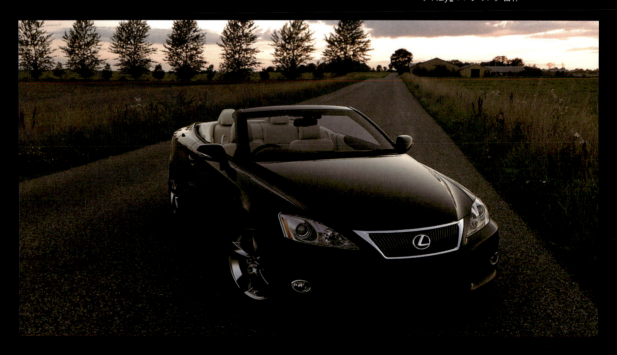

ERIKA
オリジナルCGキャラクター

RYOKO
オリジナルCGキャラクター

Night Living Room
書籍『3ds max REALIZE imagemaker』作例

Apparel Shop
3DCGパース習作

「オーデルバックラー」　OVA『装甲騎兵ボトムズ 赫奕たる異端』より。
ガレージキットイベントの宣伝用、個人作品。
©サンライズ

PROCESS of WORK in Fusion 360

「オーデルバックラー」ガレージキットのデジタル原型モデリング

ここ最近、ガレージキットの原型制作は、商業作品やイベント限定作品を問わずデジタルモデリングで行われており、フィギュア系は『ZBrush』、メカ系は『Rhinoceros』が定番となっています。『Fusion 360』はCAD系のモデリングソフトであるため、メカ系の硬いものやロボットなどのモデリングに適しています。私もデジタル原型制作を効率よく行うため、モデリングツールを『3ds Max』から『Fusion 360』に移行しました（100%ではありませんが……）。ここでは『Fusion 360』を使ってデジタルモデリングによる原型制作と、そのガレージキット制作プロセスを紹介します。

『Fusion 360』の画面キャプチャ

作成したガレージキットの塗装済み完成品

『3ds Max』によるレンダリング画像

01 スケッチを始める前の準備

モデリングはスケッチから始めるのですが、その前にjpg形式などの下絵画像を【挿入】→【下絵を挿入】から正面と横向きで配置し、サイズを調整します。今回は「オーデルバックラー」の設定上の高さ4300mmの1/48となる、高さ約90mmの長方形スケッチを描いて、モデリングのサイズ基準用として作成しておきます。

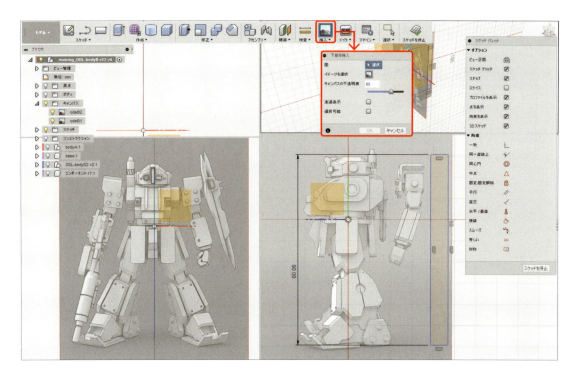

02 胴体のスケッチの作成①

スケッチは、最終的にどういうパーツ単位でモデリングするのかを考えながら、下絵を基準にして寸法は気にせず描いていきます。その際、全ての**スケッチライン**をきっちり閉じて引く必要はありません。下の画像のように、大きな面に相関する線を引けば、そこは閉じられた面として認識されるため、その面を立体化することが可能です。

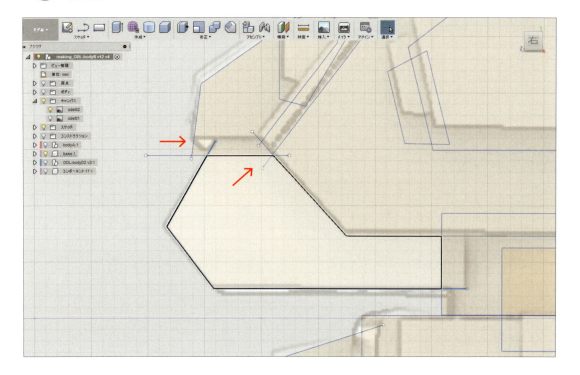

03 胴体のスケッチの作成②

私がスケッチを描く際によく使うのは、❶【線分】、❷【長方形】、❸【円】、❹【円弧】、❺【スロット】、❻【スプライン】です。作業の効率化を図るため、それらのショートカットは必ず覚えておきましょう。また、スケッチの拘束機能がどのように作用するのかを全て把握してから作業を始めたほうが、より効率良く作成できます。

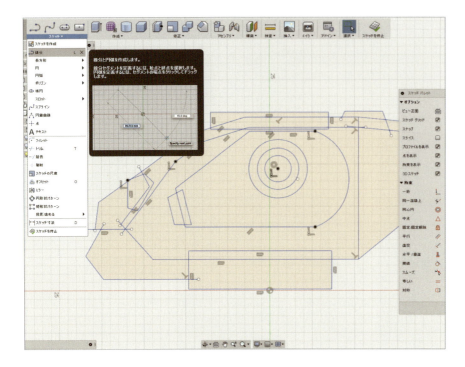
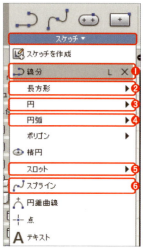

04 胴体のスケッチの作成③

胴体部分のスケッチはこれで作業終了としました。細かいディテールは後でサイズを調整してから付け足すため、現段階ではまだ描かないでおきます。胴体部分は側面からのスケッチを使って【作成】→【押し出し】でほとんどをモデリングできますが、押し出し量の基準が必要であれば、正面や上面からのスケッチも描いておくとよいです。

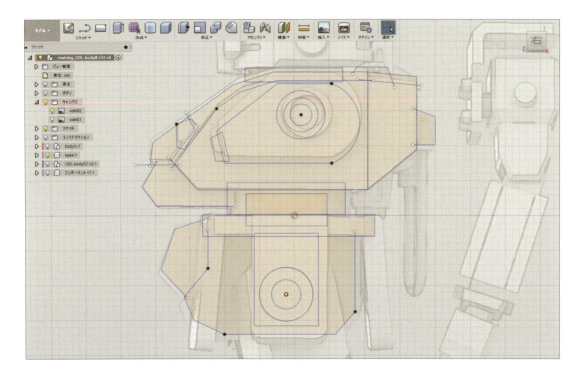

胴体のモデリング①

スケッチをひと通り描き終えたら、まずは片側半分のみをモデリングします。この段階では、寸法を気にせずに見た目重視で【作成】→【押し出し】で立体化していきます。反対側は後ほどミラーコピーします。

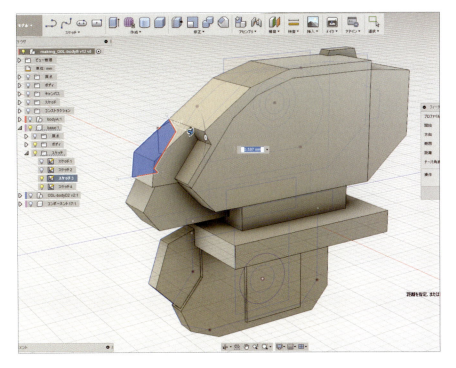

胴体のモデリング②

下の画像のように、押し出した面からさらに新たに別パーツを押し出して作成したいときは、スケッチを選択後に【作成】→【押し出し】の【開始】で【オブジェクトから】を選択します。なお、押し出す際は他パーツと結合しないように注意しましょう。結合した場合、後で修正しにくくなってしまいます。

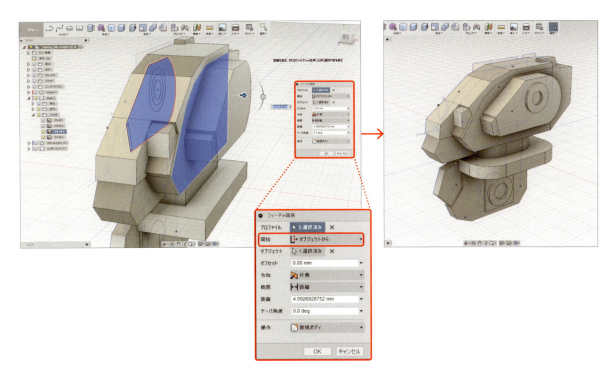

胴体のモデリング③
おおよそのパーツができ次第、それらを選択して【作成】→【ミラー】で、反対面を鏡面コピーして全体のバランスを確認します。私の場合、ボックスオブジェクトを作ってその面をコピー基準面に使います。通常は原点の基準面を指定すればよいですが、遠くにあり煩わしい場合もあるため、このような手法をとっています。

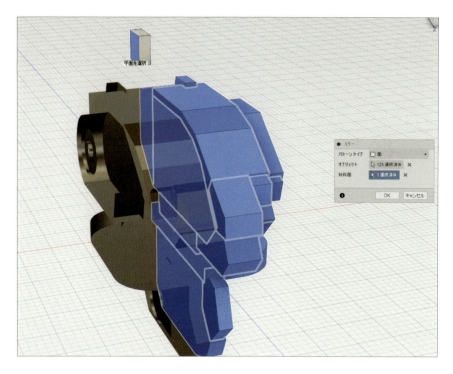

胴体のモデリング④
この時点で全体のバランス的にパーツ位置やサイズが気になるところがあれば、元のスケッチラインを気にせずに【移動】や【拡大】【縮小】で調整します。なお、鏡面コピー以前の履歴に戻って修正すれば、鏡面コピーの状態を保持したまま調整できるため便利です。

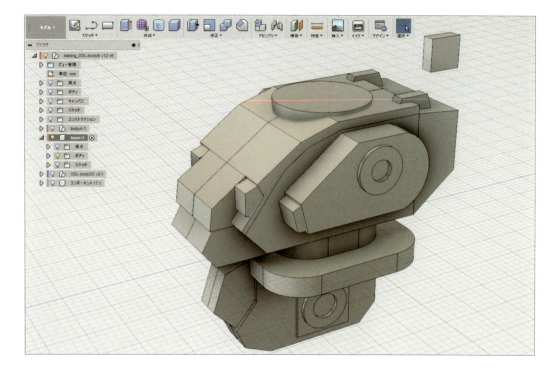

09 胴体のモデリング⑤

ベース形状ができた後は【修正】項目の❶【勾配】、❷【面取り】、❸【シェル】、❹【プレス/プル】などを駆使して細部を詰めていきます。細かい凹み系のディテールは、凹ませる形状のスケッチを【押し出し】で作り、それをブール演算の【切り取り】で削るのが基本です。以上で胴体は完成です。

10 各部位のモデリング準備①

胴体が完成したら腕や脚のモデリングを進めていきます。ただし、そのまま胴体と同じファイルでモデリングを進めてしまうと履歴がたまって動作が重くなるため、私の場合は各部位ごとにファイルを分けて作業しています。下図は、各部位のモデリングが済んでひと通りの部品が揃った状態です。

11 各部位のモデリング準備②

部位ごとに別ファイルにしてモデリングすると、他部位とのバランスを取るのが難しくなってしまいます。それを避けるためには、他部位のファイルを右クリックして【現在のデザインに挿入】を使って仮配置した状態で、それとのバランスを取りながら新規の部位を作っていきます。ここでは腕をモデリングする際に先ほど作った胴体を挿入しています。

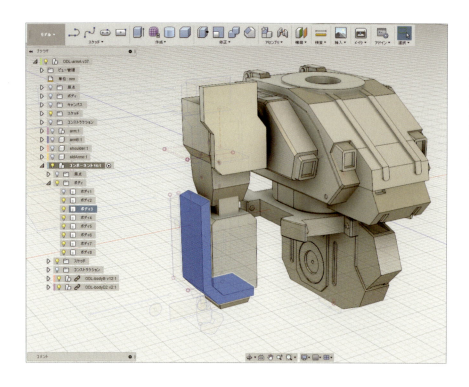

12 腕と脚のモデリング

今回作る腕や脚のデザインは曲面ではなく基本的に平面系なので、ベース形状のほとんどを【押し出し】で作成できます。サスペンション等の幾つかの円柱系パーツ部分は【作成】→【回転】で作成し、各所を【傾斜】で整形した後にブール演算の【切り取り】で整えます。細部のディテールは胴体のときと同様のツールで作り込みをします。

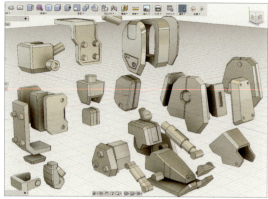

13 肩パーツのモデリング①

肩アーマーを作る際は少しだけテクニックが必要です。まずはじめに、正面のシルエットを奥まで押し出して厚みをつけます。次に側面と後面を選択し、❶【修正】→【シェル】で上面と前面だけに厚みが付くようにした後、❷【修正】→【面取り】で形状を整えます。

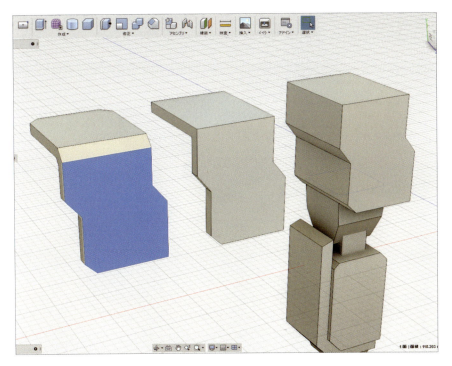

14 肩パーツのモデリング②

先ほど作成したパーツをコピー＆ペーストで同位置に複製したら、コピー元を非表示にしておきます。その後、【修正】→【シェル】で縁取り部分に厚みを付けてから、コピー元を表示したうえで縁取り部分をプッシュして段差を作成。それをコピー元のパーツとブール演算で【結合】すれば、縁取りのある肩アーマーは完成です。

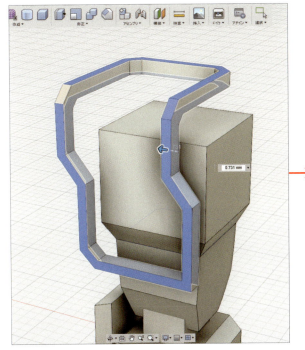
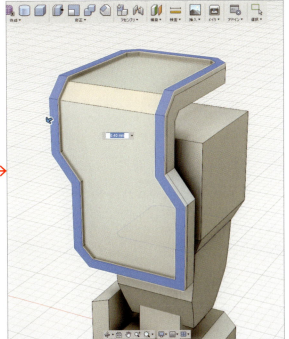

15 武器のモデリング

これらの武器類は、構成するパーツのほとんどをスケッチの【押し出し】や【回転】で作成し、ブール演算で不要部分を削るなどして整形します。元のデザインをよく観察し、作りやすいパーツに分解できるかどうかが重要となるでしょう。シールドの縁取りは肩アーマーと同じ手法で作成可能です。

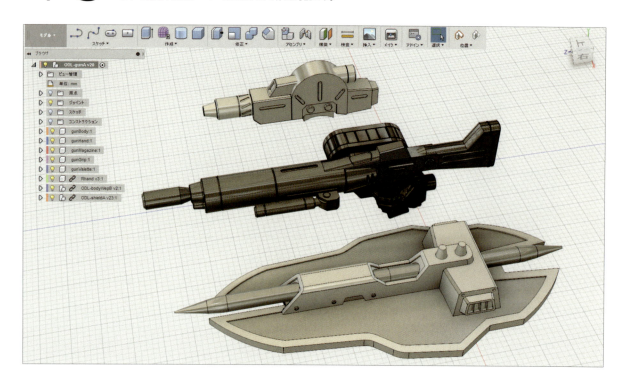

16 頭部のモデリング①

頭部は腕や脚ほど単純な形状ではないので、モデリングをする前にデザインをよく観察し、ベース形状をどのようなパーツから切り出して作れるかを考えておくことが重要です。まずはじめに、側頭部から後頭部にかけてのパーツは、上面スケッチ から【押し出し】をして、各所を【傾斜】、【面取り】、ブール演算の【切り取り】等を使って形を整えました。

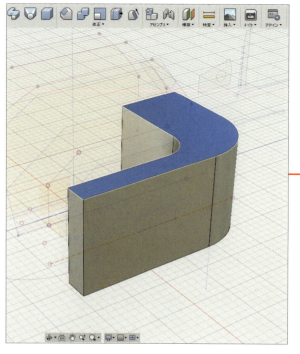
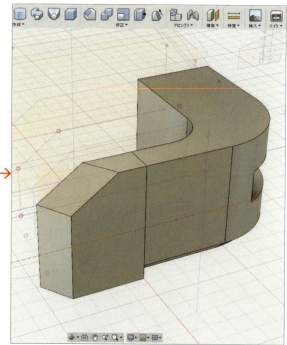

17 頭部のモデリング②

前面のバイザー部分も同様に上面からのスケッチを描いてから押し出し、次に正面シルエットのスケッチを描いて、それを使って【ボディを分割】で切り抜きます。さらに【シェル】で厚みをつけたのち、センターラインで【ボディを分割】して左右どちらか一方のパーツにしておきます。

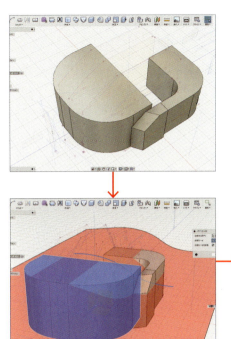

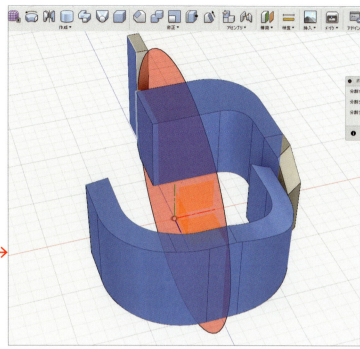

18 頭部のモデリング③

バイザーのスリット部分は、穴の形状をスケッチの【スロット】で側面に描いてから【押し出し】の【切り抜き】で穴を開けます。側面のアンテナ基部は、単純に【押し出し】と【回転】でモデリングします。なお、アンテナなど斜めに配置するパーツは、最初は水平にスケッチを描いた状態でオブジェクト化し、その後、斜めに配置して細部を調整するほうが作業しやすいです。

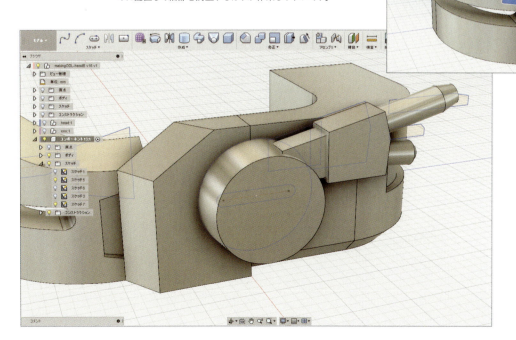

19 頭部のモデリング④

頭部中心部分の曲面パーツは【作成】→【ロフト】で作ります。【ロフト】をする際は側面の断面を指定しますが、始めと終わりのふたつの面をつなげるだけだと、曲面ではなくストレートな面の形状になってしまいます。従って、そのふたつの中間となる断面も描き、それを指定するとカーブ面で構成された形状になります。

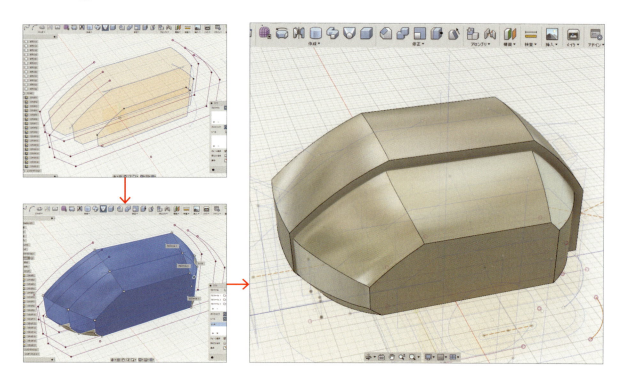

20 頭部のモデリング⑤

以上で頭部に必要なおおまかな形状が揃いました。この時点でバランスを見るために、一旦反転コピーしてもよいでしょう。

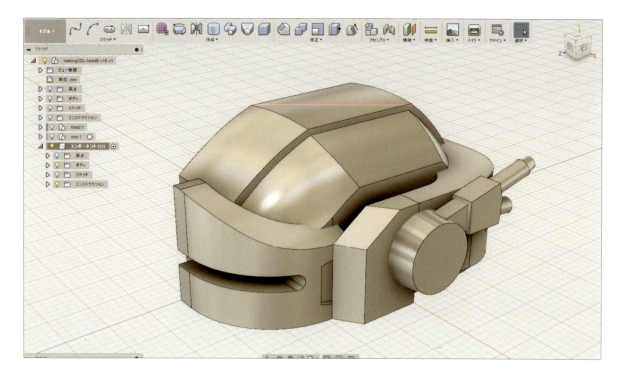

21 頭部のモデリング⑥

中央のレンズアイ部分は正面に描いたスケッチ形状を【押し出し（テーパーあり）】で作成し、それに対して側面シルエットを【ボディを分割】して形状を作成します。両サイドのレンズカバーも同様に、【押し出し（テーパーあり）】で作成します。それらに対して【シェル】とブール演算の【切り取り】で厚みを付けています。

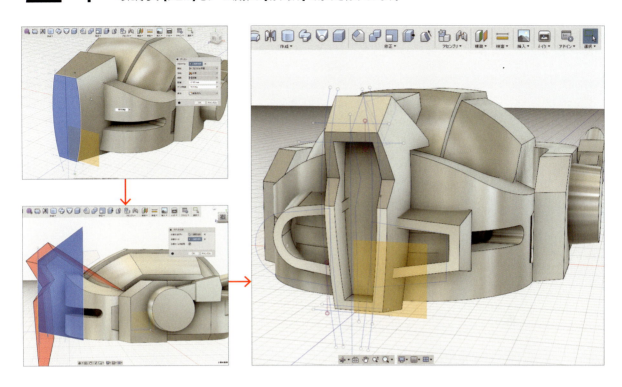

22 頭部のモデリング⑦

頭部のおおまかなパーツが揃ったら、あとは細かい整形とディテールを入れて完成です。ディテール用のパーツをスケッチから押し出して作成し、各所を【シェル】、【面取り】、ブール演算の【切り取り】を駆使して作り込みました。最後にレンズ部分の形状が判別しやすいよう、レンズ部分に【外観】で質感割り当てをしておおまかに色を付けています。

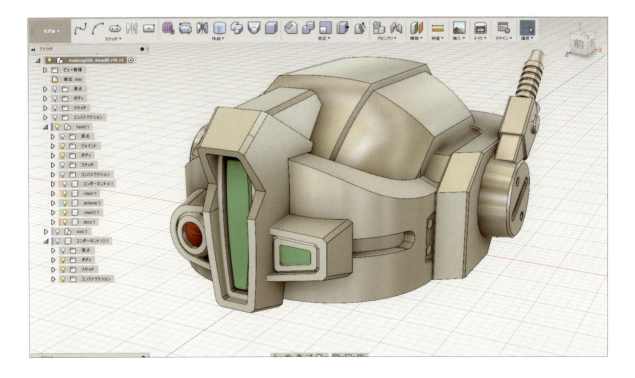

23 アセンブリとジョイントの設定①

各部位が完成したら早く全身を組み上げたいところですが、軽くポーズを取らせられるようにしておくのと、3D出力時のパーツ分けを踏まえてアセンブリ化します。まずは【アセンブリ】から【新規コンポーネント】をいくつか作り、それぞれのパーツを各コンポーネントにまとめます。

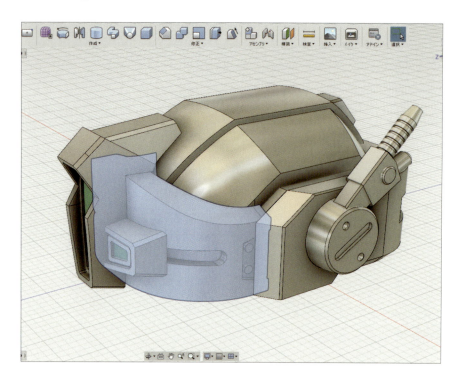

24 アセンブリとジョイントの設定②

今回作成する頭部には可動箇所はないため、❶【アセンブリ】→【ジョイント】を作成し、❷【タイプ】を【剛性】にして、全てのパーツのコンポーネントを左右回転軸を付ける部位に関連付けます。要するに、パーツを親子付けして固定したということです。

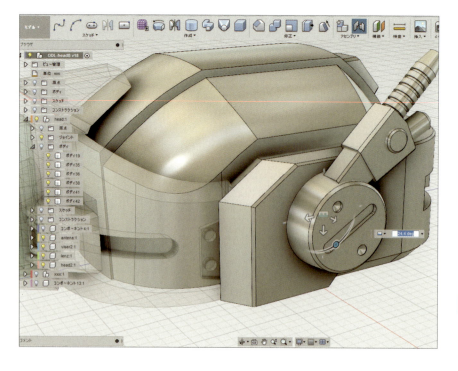

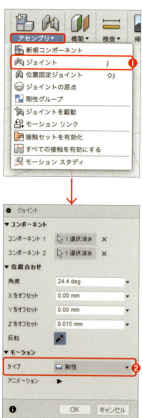

25 アセンブリとジョイントの設定③

関節のある腕や脚などはポーズを取れるよう、回転ジョイントを入れます。❶【アセンブリ】→【ジョイント】で❷【タイプ】を【回転】にし、先に動かす側の軸エッジを選択し、次に受け側の軸エッジを選択します。また、位置をオフセットして、パーツ同士がぴったり合うように調整しておきます。

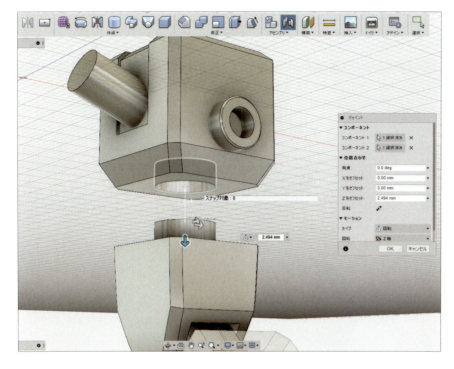

26 アセンブリとジョイントの設定④

別々に作成した全ての部位に対し、コンポーネント化と関節構造に必要な部分のジョイントの設定を終えたら、ファイルを新規作成して胴体、腕や脚などのパーツを【現在のデザインに挿入】して全体を組み上げていきます。その際、先に新規ファイルを保存しておかないと挿入できません。

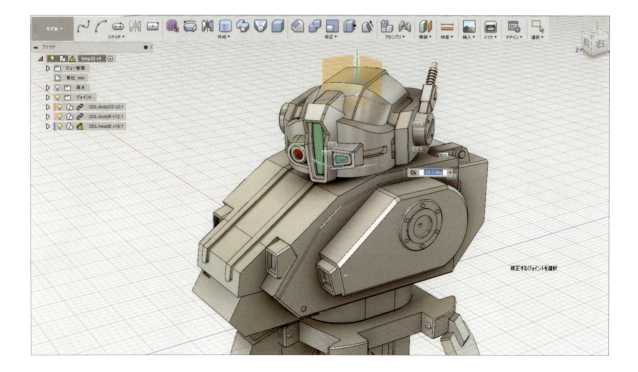

27 アセンブリとジョイントの設定⑤

アセンブリの対象物が別アプリケーションで作成したポリゴンオブジェクトの場合は、ジョイント軸を思うように設定できません。その場合には、ジョイント軸設定用のダミーの円柱オブジェクトを作ってからコンポーネント化し、それにジョイントを設定すれば軸設定が可能です。

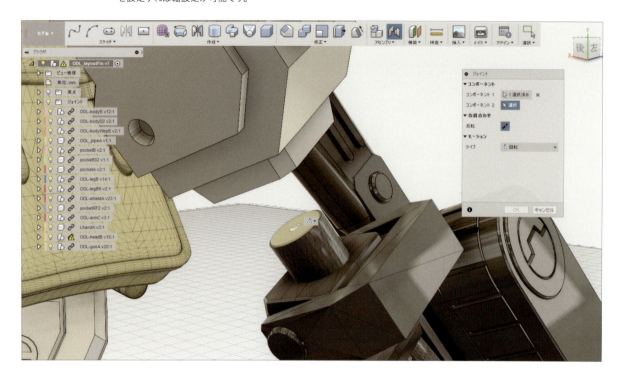

28 全身の完成

こうして全ての部位をひとつのファイルに配置し、各部位のファイルで設定した関節ジョイントで軽くポージングした状態がこちらです。全身のモデリングは以上となります。

番外編：メカモデリングテクニック

29 メカモデリング的スジ彫りの入れ方①

ここからは番外編です。メカ造型でよくあるスジ彫りの入れ方としては、彫り込む断面のスケッチを面に沿って掃引して削るのが代表的ですが、今回は別の手法でメカモデラー的に納得できるスジ彫りのテクニックを紹介します。まずは❶【スケッチ】で分割線を描き、そのスケッチで❷【修正】→【ボディを分割】を実行します。

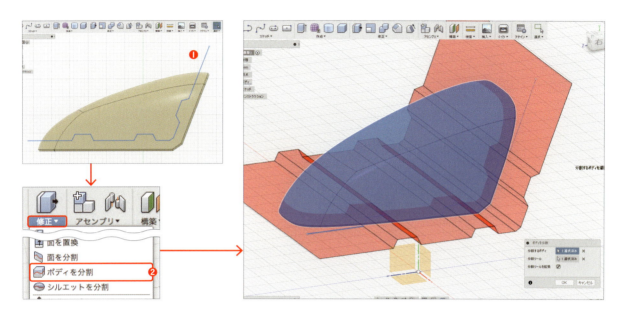

30 メカモデリング的スジ彫りの入れ方②

分割後、どちらか一方を同位置にコピー＆ペーストし、コピー元と他のパーツを非表示にしておきます。表示しているパーツに❶【修正】→【シェル】を実行して画像のように厚みを付け、それをスジ彫りの凹み量とします。続いて厚みが付いた面を❷【修正】→【プレス/プル】で【面をオフセット】して、パーティングラインとして削る幅とします。

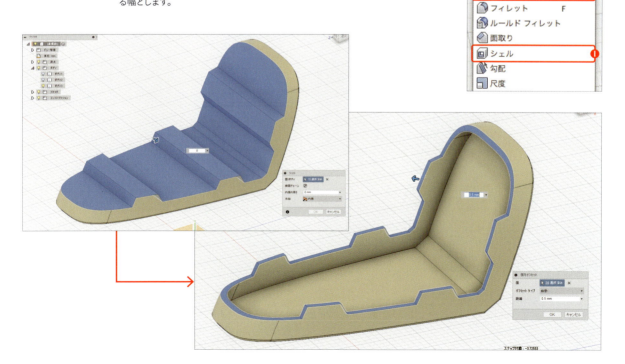

31

メカモデリング的スジ彫りの入れ方③

先ほど非表示にしていたふたつのパーツを表示し、スジ彫りを入れる対象パーツにブール演算（❶【修正】→【結合】）で厚みを付けたパーツを選択し、【切り取り】でスジ彫り分を削ります。❷これで曲面に対しても一定の削り込みがあるスジ彫りを入れられました。

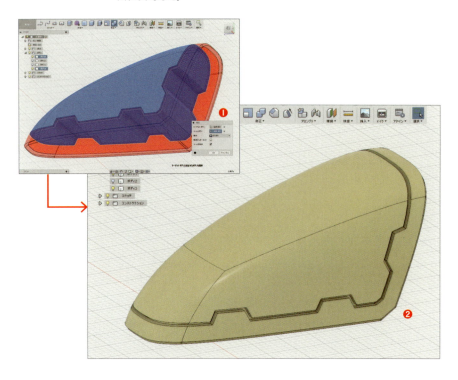

32

メカモデリング的スジ彫りの入れ方④

この手法を応用して細かくパーツを分割すると、ある一定方向だけからのスジ彫りではなく、画像のように前後左右方向からのスジ彫りを入れることができます。

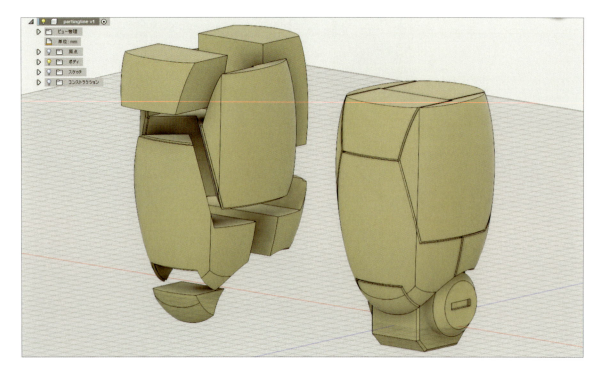

33 曲面への凹凸ディテールの入れ方①

平面に対して画像のようなディテールを入れるには、その面を作業平面としてスケッチを描いてから【押し出し】をし、その際に【結合】か【切り取り】かで作成できます。ですが、曲面に対してディテールを入れる際は少し工夫しなければなりません。

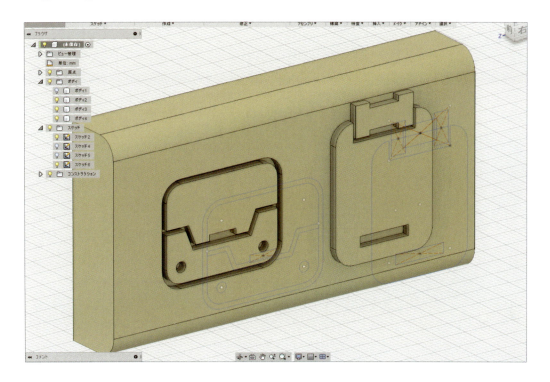

34 曲面への凹凸ディテールの入れ方②

曲面にディテールを入れる場合に、先ほどのやり方だとこの画像の左側のように歪んだデザインになってしまったり、右側のように曲面に合っていないディテールになってしまいます。これは、スケッチに角度を付けることで解消できます。

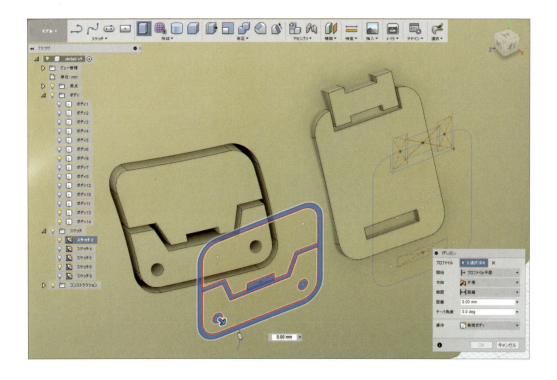

35

曲面への凹凸ディテールの入れ方③

曲面に対して法線方向をきっちり合わせるのは非常に難しいのですが、おおよそ合っていれば大丈夫です。まずはディテールのスケッチを描く前に、曲面に近い位置と角度でダミーの線分を描きます。その線分に対して【構築】→【傾斜平面】を作成して、その平面にディテールのスケッチを描きます。

36

曲面への凹凸ディテールの入れ方④

もしくは、押し出すデザインのスケッチを描いてから、画像のように曲面の法線方向にだいたい角度を調整する場合でも同じことになります。ただし、その場合は時々スケッチが歪むことがあるので、はじめから傾斜平面にしておいたほうが無難です。

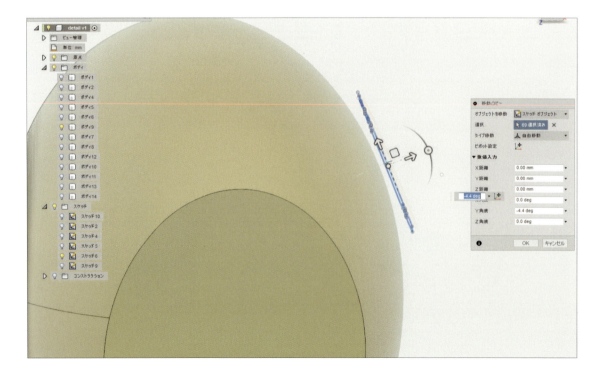

37　曲面への凹凸ディテールの入れ方⑤

スケッチを曲面の法線方向に大体合わせたら、❶【作成】→【押し出し】でスケッチを押し出し、その際、❷【開始】を【オブジェクトから】に設定して対象のオブジェクトを選択します。また、押し出し量は矢印をドラッグするのではなく、❸【距離】に数値を入力して押し出す量を決定します。

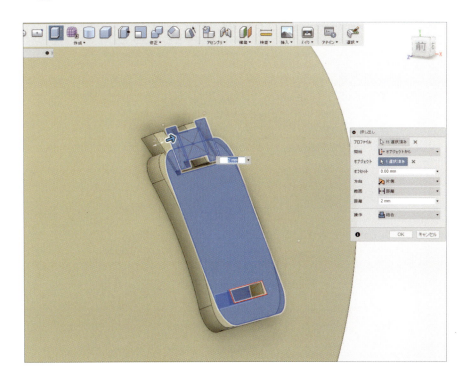
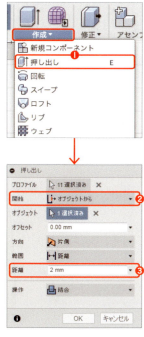

38　曲面への凹凸ディテールの入れ方⑥

以上の手順により、曲面に対してほぼ法線方向が合っている、ほぼシルエットが歪んでいない形状で押し出すことができました。「ほぼ」と書いているのは、厳密には100%法線方向に合っているわけではないためです。画像の左側が切り取りした場合、右側が追加した場合のディテールです。

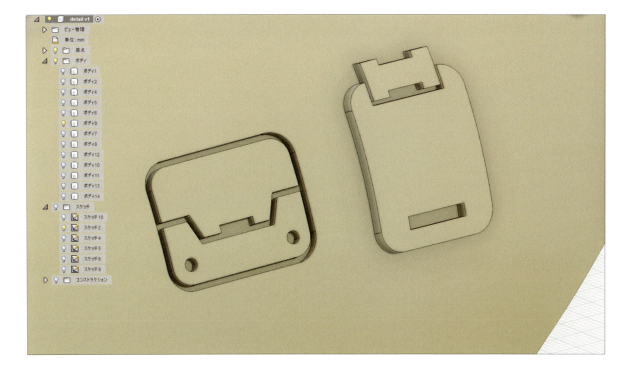

ガレージキットへ向けての作業

3Dプリント用のレイアウト①
自宅で3Dプリントする際は、その機械の専用ソフトを使ってパーツを配置しますが、出力業者に発注する際は3Dプリント用にパーツを配置したデータを『Fusion 360』で作ります。パーツの配置を業者に任せてもよいのですが、なるべく多めに敷き詰めて料金を節約するためにも、自分で配置データを作成するほうがよいです。

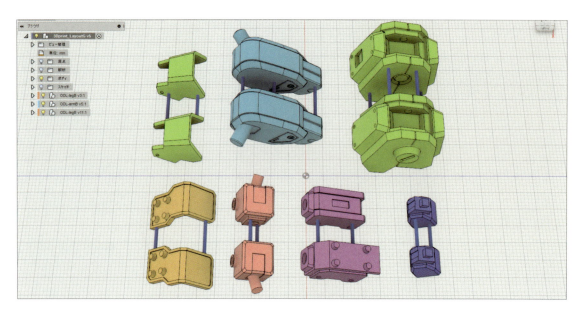

3Dプリント用のレイアウト②
3Dプリントをする際はパーツの傾斜角度が重要になります。その基準のひとつは、大きな面に3Dプリントの目立つ積層痕が付かないよう、図の右のように水平面がゆるやかな傾斜にならないような角度にすることです。もう一点は、3Dプリントで必ず付いてしまうサポート柱が極力、削除加工しやすい位置に付くように配置するということも大事です。

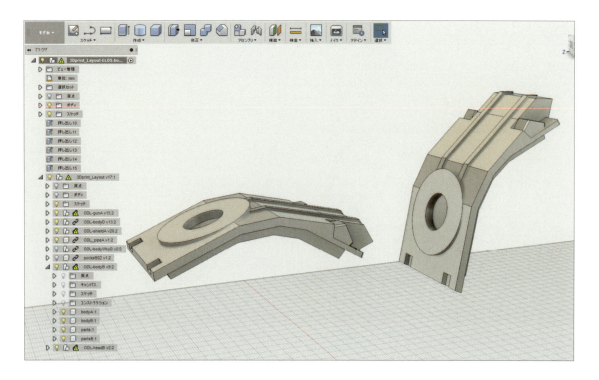

41 データのエキスポートと出力依頼

出力用パーツの配置が完了したら、書き出すオブジェクト以外を非表示にしたうえで全体を選択してSTL形式で書き出します。その際、曲面主体の形状がある場合は、【法線の偏差】の数値を低くして高精細にします。書き出したSTLデータは、念のため『Netfabb Basic』を使ってデータチェックを行います。

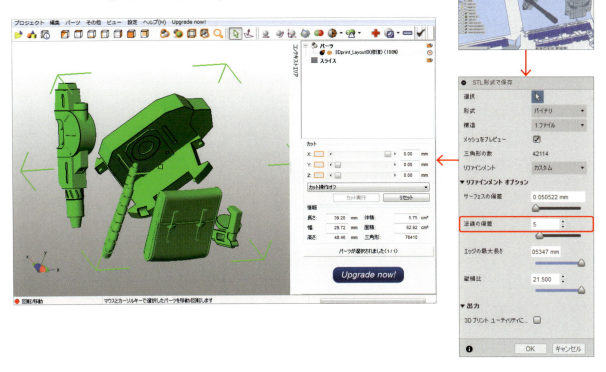

42 出力結果と原型の仕上げ①

今回は出力業者二社に依頼しました。❶左の画像の黒い方は高精細な業者の出力結果、❷右の白い方の画像は安価な業者の出力結果です。パーツのディテールによって業者を使い分けています。いまは自宅に❸LittleRPという安価な光造形機を導入しているので、現在は3方式で3Dプリントしています。

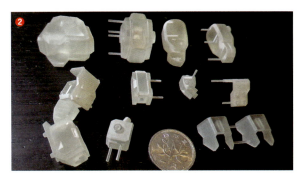

43 出力結果と原型の仕上げ②

出力後、原型の表面仕上げを行います。最近の光造形機はかなり高精細になっていますが、必ず積層痕とサポートの跡があるので、それらをなくした状態に磨き上げます。その作業を終えてサーフェイサーを吹いたら、原型の完成となります。

44 原型からレジンキャストキットへ

同人イベントにおける複製業者への依頼は賛否意見がありますが、私の場合は作業時間の節約と、細かいパーツなどの複製精度の高さを考えて業者に依頼しています。複製前には必ず、原型のパーツチェックと組み立てに問題がないかを念入りに確認しておきます。そしてこれが複製されたパーツと仮組みした状態の画像です。

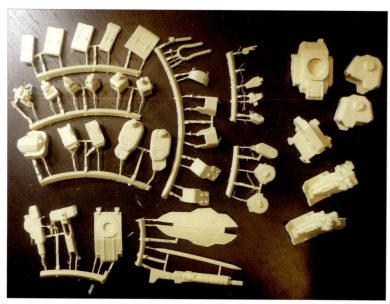

45 イベント宣伝用のレンダリング

レンダリングは使い慣れた『3ds Max』+『V-Ray』で行っています。『Fusion 360』からSTL形式で書き出した後、そのデータを『3ds Max』にインポートしてデータを整理し、簡単な関節構造を仕込んでポージングできるようにします。その後、質感付け、ライティングを行ってレンダリングします。

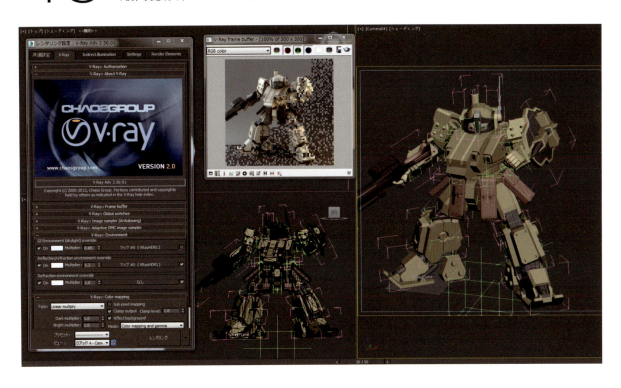

46 レンダリング画像の仕上げ

左下はレンダリングした直後の画像、右は『PhotoShop』で画像処理とカラコレを行って、イベントの看板用に加工した画像です。

終わりに

CADでのモデリングはPC上で設計して図面を引く、みたいな印象があると思いますが、『Fusion 360』を3DCGモデリングソフトのひとつと考えて使えば、感覚的にモデリングしていくことも可能なツールです。『Fusion 360』は硬いものやメカ系のモデリングに向いているので、ロボットやメカが好きな方はぜひチャレンジしてみてください。

小笠原 佑樹
Yuki Ogasawara

メカトロニクスエンジニア
埼玉大学工学部
yuki.ogasawara@rok-studio.com
Twitter：@astraea8322

協力：粂田瞭・小西哲哉・藤村祐爾・芥川尚之

PROFILE

1995年生まれ。高等専門学校の医療福祉工学コースを卒業後、埼玉大学工学部にて医療ロボットについて学びつつ、フリーのエンジニアとして活動。仕事では義手やレスキュードローンの研究開発を行う傍ら、大型ドローンの嘱託パイロット、外部製品の基礎設計やモデリングを行っている。

INTERVIEW

——お仕事について教えていただけますか？

大学で医療ロボット関連の勉強をしながら、フリーのエンジニアとして設計開発業務の請負をしています。「誰かの『嬉しい』を作れる専門技術者」を目指して、教養と実務経験を積んでいる最中です。もともとは東京都立の高等専門学校で医療福祉工学を学び、在学中にロボカップジュニア・レスキューリーグや全国高等専門学校プログラミングコンテスト、全日本学生室内飛行ロボットコンテストなど、さまざまな大会やコンテストに参加していました。講義の一環で

作業スペース
（DMM.make AKIBA STUDIO）

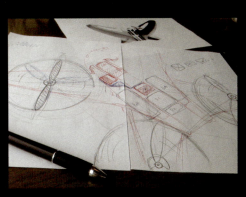

手描きのスケッチ

工具やドローンなど

『Inventor』を扱ったため、しばらくはそれをメインCADとして使っていましたが、後に学生無料の特権がなくなること、Mac OSでの動作やクラウドでのデータ共有の便利さなどの理由から、数年前に『Fusion 360』に移行しました。

——ものづくりにおいて気を付けている点は何ですか？

使いやすさや見た目など挙げればキリがありませんが、自分のものづくりは福祉機器や人命救助ドローンなど人に関わるものが多いため、最も気を使うのは安全性です。設計段階での強度計算もそうですが、実際に加工する際にもバリなどでケガをさせないよう気を使っています。

——あなたにとって3D CADとは、どのようなツールですか？

ものづくりの幅を広げてくれるツールだと思います。2Dデザインが3Dデザインになることによる高効率化はもちろん、最近では強度解析やレンダリング、トポロジーオプティマイゼーション、CAM出力など行えることの幅が大きく広がったため、自分のものづくりの幅も大きく広がりました。

——『Fusion 360』を活用する場面はいつですか？

ものづくりをする際は、ほぼ確実に使うようになりました。以前はある程度複雑で規模が大きい設計の際だけ使っていたCADですが、最近はNCフライスや3Dプリンターなど、3Dデータを用意しなければならない加工機をよく使うため、小さく単純なものでも『Fusion 360』でモデルを作っています。

——よく使用する『Fusion 360』の機能は何ですか？

メカ設計が基本なのでモデルとパッチが主ですが、有機的な形状を表現する際にはサーフェスとスカルプトを組み合わせてモデリングしています。あとはレンダリングもよく使います。

GALLERY

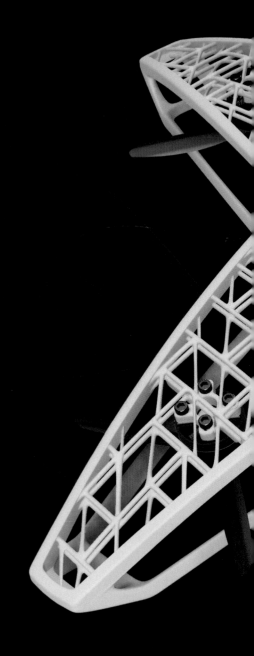

X VEIN

ジェネレーティブデザインと3Dプリント技術を用いた災害救助支援用ドローン。構造最適化解析により、軽量性とトレードオフの関係にある強度、撮影能力、安全性、拡張性を並立させました。

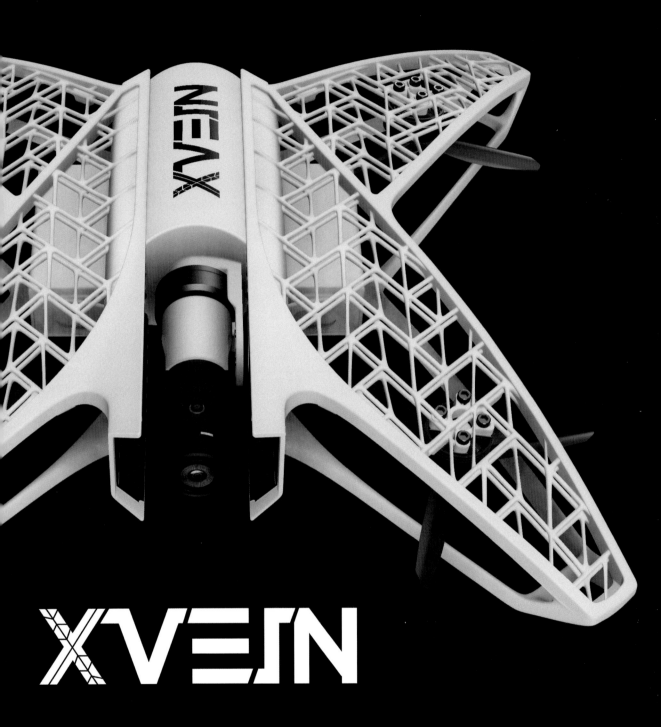

F-Hand
（第4世代）

産業技術高等専門学校・深谷直樹研究室の平成27年卒業研究として開発した筋電義手です。同研究室で従来研究されてきた、物体になじみ柔軟な把持を行うフレキシブルハンドを、人間的曲線を持つ義手の形状に落とし込みました。

F-Hand
（第4世代改良型）

F-Hand（第4世代）の後継機です。より人間の手に近い形状になり親しみやすくなりました。深谷直樹研究室が受託したNEDOの「次世代人工知能・ロボット中核技術開発」の一環として開発しました。

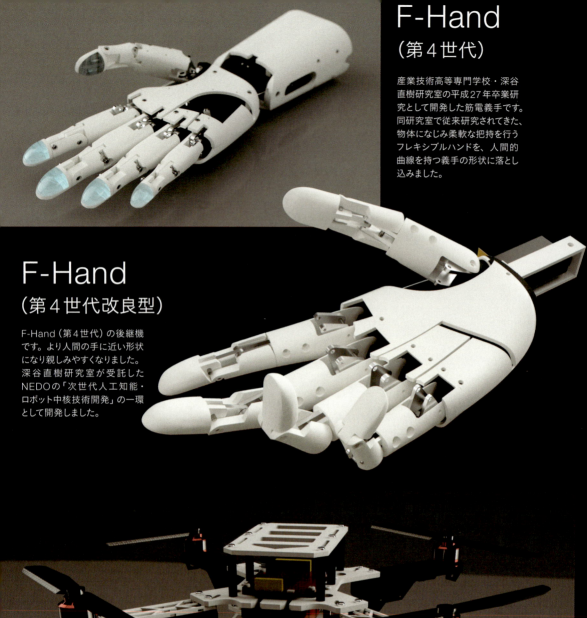

ROK Quad 5th

フル3Dプリントで作ったオリジナルドローン。各パーツは3Dプリントできるため、修理や改造も非常に簡単に行えます。2軸のカメラジンバルを搭載しており、安定した映像撮影が可能です。

E-Motion

スマートフォンアプリやKinectによるモーショントラッキングで、直感的に操作できる自走式ロボットアームです。Bluetoothを利用した無線通信に対応。アームは6自由度を有しており、幅広い動作が可能になっています。

コンパクトタイムラプスドリー

微速度撮影を行う際にカメラの視点を少しずつずらすことで、視点が移り変わるタイムラプス映像を撮影できるドリーです。スライドタイプではなく軸回転方式を用いることで、コンパクト化を実現しました。

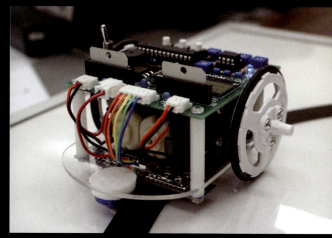

PID制御を用いたライントレースロボット

機械・電子工作、プログラミング、フィードバック制御の基礎を習得するための教育キットとして開発した、ライントレースロボットです。

PROCESS of WORK in **Fusion 360**

ジェネレーティブデザインを用いたドローン "X VEIN" の設計

X VEIN（エックス・ヴェイン）は強度、撮影能力、安全性、拡張性などの諸性能とトレードオフの関係にある、軽量性も並立させたデザインに落とし込む一手法として、ジェネレーティブデザインを活用し設計しています。カバー率が高いプロペラガードやモーターマウント、ランディングギアの機能を有する特徴的なフレームに対してトポロジーオプティマイゼーションを行い、強度を担保しながら軽量化を実現しました。全体的に重心を低くしつつも機体中央に2軸のカメラジンバルを搭載しており、安定した映像撮影が可能になっています。機体の随所にカスタマイズ用の余剰スペースを用意し、ユーザーの希望に応えることのできる助長性も有するドローンです。

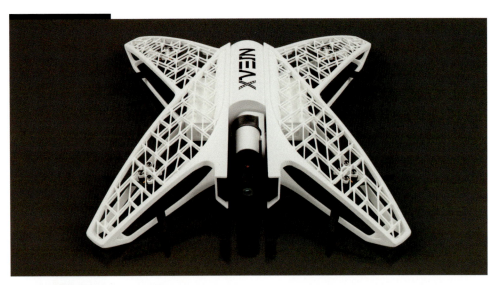

パッチとスカルプトの長所を組み合わせて、有機的で複雑な形状でありながら、一定のルールに則った曲面の比較的簡単なモデリング方法について説明します。

本作品の核であるジェネレーティブデザインの活用と、解析結果をモデルに落とし込む方法を説明します。

01

あらかじめ用意しておいたスケッチを【挿入】→【下絵を挿入】コマンドで挿入し、下絵に合わせながらコンポーネントを配置していきます。

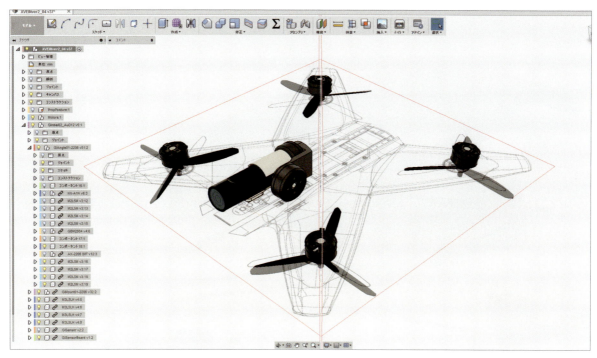

02

フレームのモデリングを行います。まず【作成】→【スイープ】を用いて、山なりの基準曲面を張ります。

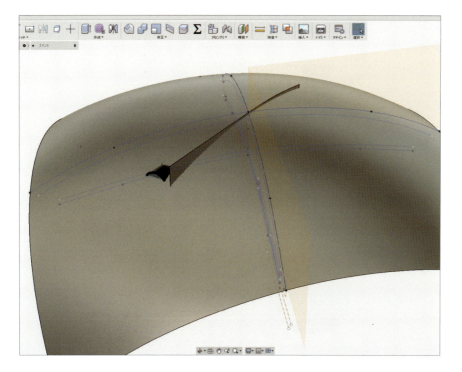

Chapter 2 ｜ Fusion 360 Masters：トップクリエイターの仕事 ｜ 163

03

❶【修正】→【面を分割】を用いてサーフェスをカットし、【作成】→❷【押し出し】や❸【ロフト】を多用して面を張っていきます。この段階では、細部のディテールまで再現する必要はありません。

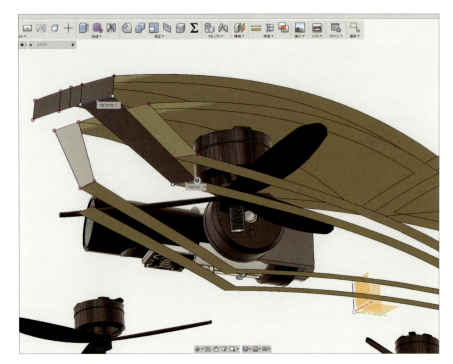

04

ソリッドモデリングも併用しつつ、大雑把な形状を構築していきます。

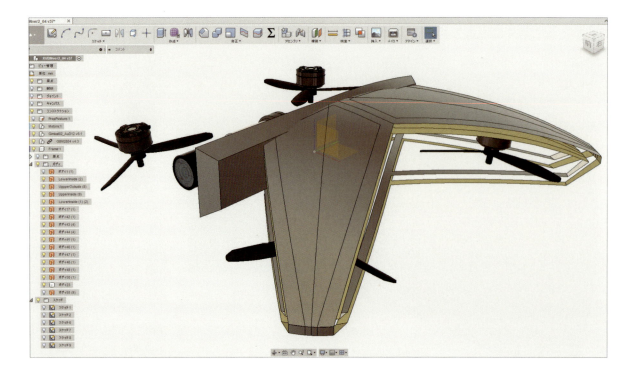

【スカルプト】に移り、再び面を再現していきます。この段階で全体の流れを意識して、無理のないセグメントになるようにします。面の数は必要最小限に収め、必要になった場合に増やすようにします。

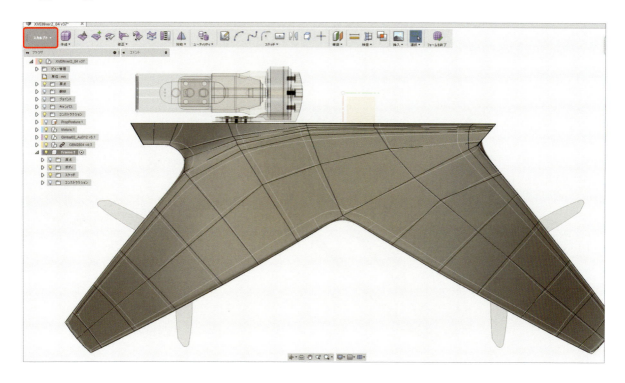

スカルプトモデリングは形状の自由度が高い反面、一定のルールに則ったきれいな曲面を再現するのは困難です。そこで【修正】→【プル】を使って、先ほどモデリングしたサーフェスに頂点を貼り付けていきます。

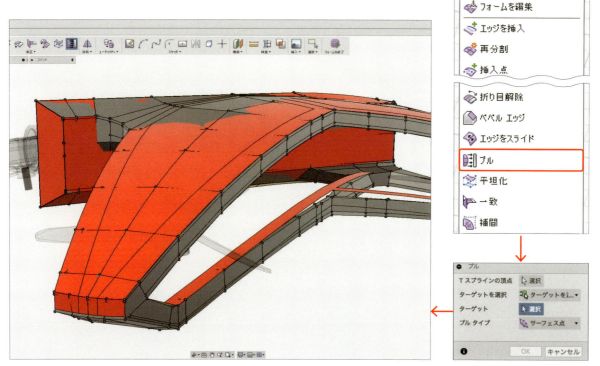

逆にサーフェスでモデリングするには高度な技術が必要となる複雑形状は、フリーフォームの自由度を生かして表現していきます。

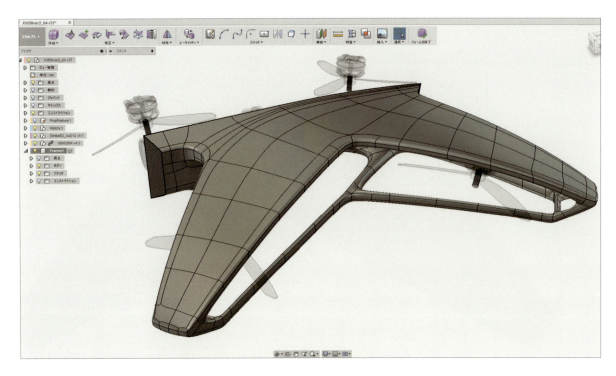

反射率の高い素材に設定しておき、【レンダリング】環境に入ることで、リアルな光の反射を確認できます。ここで曲面にヒケが出ていないか、不自然な点はないかを調べます。

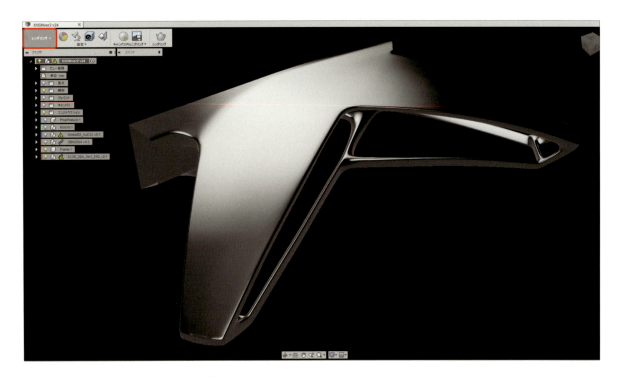

作業スペースを❶【パッチ】に切り替え、内側にある制御回路の格納部分を作っていきます。❷【作成】→【スイープ】を用いてサーフェスを張り交差させ、不必要な部分は❸【修正】→【トリム】して外観を構築。後ほど厚みを付けてソリッドモデルに変換します。

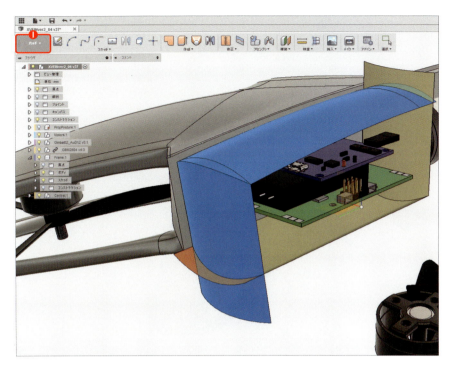

ボックス形状のものを作る場合、内側が見えにくくなります。外観をガラスなど透明度の高いものに設定しておくと、内側も見やすくなるため作業効率が上がるでしょう。

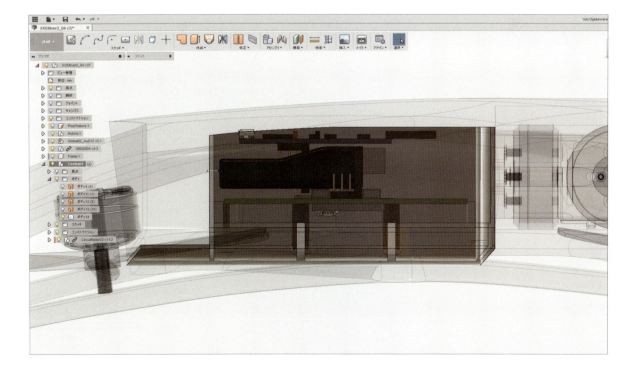

11

細かいメカ部分のモデリングが終了したら、構造最適化を行う部分を【修正】→【ボディを分割】で分離させます。赤くなっている部分が今回解析をかける部分です。解析はオートデスク社の解析ソフト『Within』を使っているため、ここでは割愛します。

12

『Within』で生成した解析結果のメッシュデータを合わせ込んだ状態です。解析結果は人間が見てきれいだと感じるような形状とは限りません。ここでは構造のパターンを理解します。

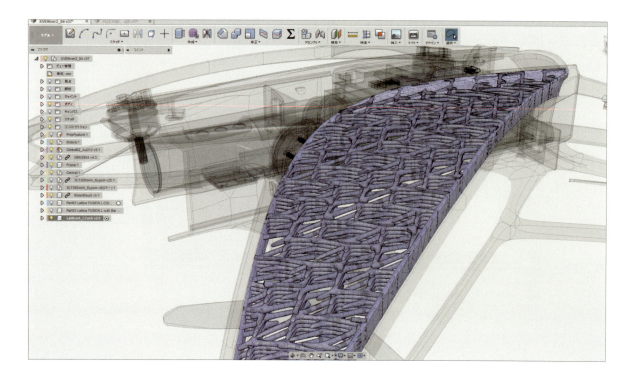

13

解析結果の構造パターンを元に、【スカルプト】を用いて格子構造をモデリングしていきます。今回はパイプで基準格子を作り、【修正】→❶【ブリッジ】や❷【フォームを編集】で形状を再現しました。

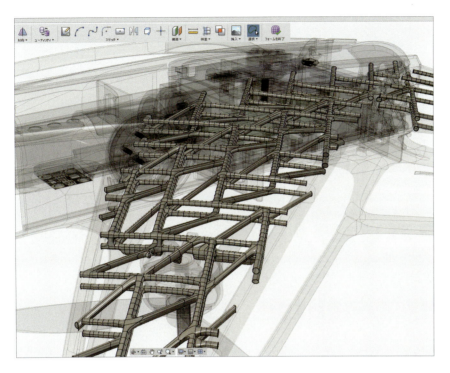

14

作成した格子パーツをフレームと併合したら、残りのモデリングを済ませます。外観設定やデカールの貼り付けなどを行えば完成です。

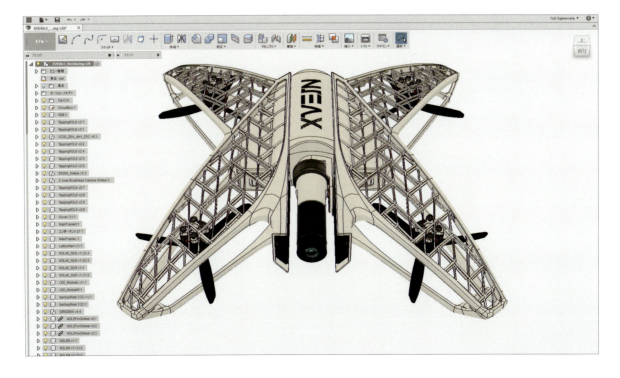

坪島悠貴
Yuki Tsuboshima

tsuboyuki79@gmail.com
http://yukitsuboshima.jimdo.com
https://twitter.com/hau9000

所属企業：株式会社アイジェット
〒105-0022 東京都港区海岸2-1-16 鈴与浜松町ビル
TEL：03-6435-2670（代表）
Web：http://www.ijet.co.jp

PROFILE

金属造形作家。『Fusion 360』による設計、3Dプリント、伝統技法などを組み合わせて、「可変金物」と名付けた変形機構を持つ金属造形作品を制作。毎年、個展やアートフェア、グループ展などに参加。

INTERVIEW

──お仕事について教えていただけますか？

2013年に武蔵野美術大学大学院を修了後、作家活動を開始しました。学生時代は金属工芸を学び、打ち出しという伝統的な彫金技法で主に手のひらサイズの置物作品を制作。作家活動を開始してから1年ほどたち、独自の作風を探っていた頃、それまで制作していたような置物作品を壊さず身に付けるにはどうすればいいのかを考え、その結果「変形する金工作品」という答えに行き着きました。2015年頃、より複雑な機構を再現しようと3D CADソフトの導入

作業場の様子

手描きのスケッチ

3Dプリンターで出力した樹脂原型

を検討していた時、『Fusion 360』に出会い、それ以来、設計に欠かせないツールとして同ソフトを愛用しています。『Fusion 360』の導入に伴って3Dプリンターも活用。モデリングしたデータを高精度で立体化できる3Dプリンターの面白さに惹かれ、2016年には3Dプリント事業を展開する株式会社アイジェットに就職しました。現在は同社に勤務しながら自身の作品も制作しています。

——あなたにとって3D CADとは、どのようなツールですか？

『Fusion 360』を導入する前、作品のギミックは頭で想像したものを紙の設計図に起こし、実際に制作してから調整していました。試作をしては問題が発覚したパーツを制作し直すという煩わしさもありましたが、それ以上に頭では3次元的に想像できている機構が、平面図と手作業のすり合わせだけでは再現しきれないことをもどかしく感じていました。設計中のオブジェクトを全方向から確認できるうえに、動きのシミュレーションまで可能な3D CADは、頭で想像したものを具現化するための架け橋となるツールだと考えています。

——『Fusion 360』を活用する場面はいつですか？

私の場合、まずは手描きで意匠を決めたら粘土原型を制作して形を確認し、簡単な設計図を描きます。その後が『Fusion 360』の出番です。手描きの設計図では機構部分が曖昧なので、ソリッドモデリングで大まかな形を制作して、アセンブリで動きをシミュレーションしながら関節の位置などを決めます。それをもとに設計図を描き直し、再び『Fusion 360』に戻ります。最初からデジタル作業で形を決めようとしても思い通りの線を引けないので、意匠を決めるのは手作業、モデリングは『Fusion 360』というように使い分けています。

GALLERY

可変金鶏
(か へん きん けい)

『Fusion 360』での設計を初めて取り入れた作品。打ち出しによる外装部分を先に制作し、それに合うように内部機構を設計、3Dプリントして組み合わせました。金魚から鶏に変形します。
素材：銀・ガラス・色箔

可変龍蜂
(か へん りゅう ほう)

『Fusion 360』で設計。金属の部品にタガネで槌目を加えて仕上げています。蜂から龍に変形します。
素材：銀・色箔

鮊鯡(ほうぼう)

大学院の修了制作。3D CADを導入する前の作品です。羽、脚が可動します。
素材：銅・真鍮・アルミ箔

可変卵鳥(かへんらんちょう)

スカルプトモデリングを使った『Fusion 360』での設計に初挑戦した作品。卵からペンギンに変形します。
素材：銀・ガラス

可変手毬海月(かへんてまりくらげ)

『Fusion 360』で設計。スイッチとなる部品を押し込むことで触手が広がり、手毬からクラゲに一発変形します。
素材：銀・ガラス・色箔

PROCESS of WORK in Fusion 360

金工作品 "絡繰餌乞雛" の設計

金属造形作品を制作するための設計を『Fusion 360』で行います。スカルプトモデリングによる滑らかな曲面は金工作品とも相性が良く、板材から叩き出されたような中空の形も精密に設計することが可能。ここではソリッドモデリングによる機構部分やアセンブリ、スカルプトモデリングでの形の作成を中心に、デザインスケッチから3Dデータを完成させるまでの手順を紹介します。

マテリアルを設定してレンダリングすることで、完成後の仕上げを想像しやすくなります。

CADデータを3Dプリントして、最終的に金工作品として仕上げます。内部に機構が仕込んであり、尻尾を押し下げると餌を欲しがるように口を開けます。
素材：銀・青銅・シトリン

01

用意しておいた手描きの設計図を、【挿入】→【下絵を挿入】で貼り付けます。設計図を描いた時点で、ギミックに必要な可動部の軸位置、寸法などはある程度決めてあります。

02

設計図に描いた軸の位置を参考にしてパーツを作ります。ギミック確認のためなので形は適当ですが、問題を見付けた時に修正しやすいよう意識します。ボディからコンポーネントを作り、【アセンブリ】で【ジョイント】して動きを確かめます。

03

頭部は各部の干渉を正確に調べたかったので、設計図を忠実にトレースしたボディを作って検証します。【アセンブリ】→【ジョイントを駆動】で干渉する部分を見付け、盛り削りして形を煮詰めていきます。

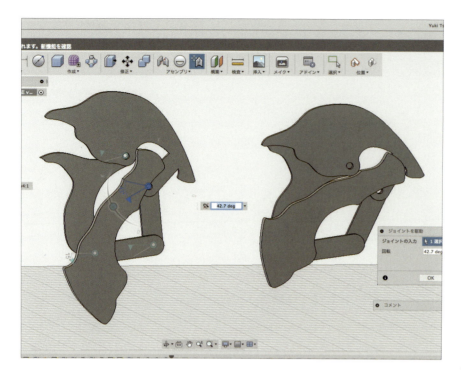

04

頭部の形が決まったら、作業スペースを❶【スカルプト】にして進めていきます。頭部のように塊の形をしているものは、❷【作成】→【直方体】でエッジを追加していく方が作りやすいでしょう。私の場合、❸【方向】を【対称】に、【対称】を【ミラー】に設定してボディをシンメトリーにし、底面のサーフェスを削除しておきます。

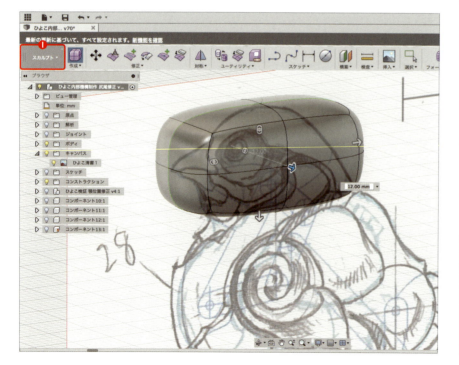

設計図や先ほど作ったボディの形を参考にして、フォームを編集します。❶【ユーティリティ】→【表示モード】で❷【ボックス表示】にしたら、❸右クリックで【フォームを編集】を選択します。まずは側面図に合わせるつもりでエッジを追加して形を作っていきます。エッジの流れが、作りたい形の稜線に合うよう意識しましょう。エッジを挿入する際は、ダブルクリックでエッジをループ選択して増やすようにします。それぞれの面がなるべく四角形になるようにすると、スムーズ表示にした際に形が崩れにくくなります。

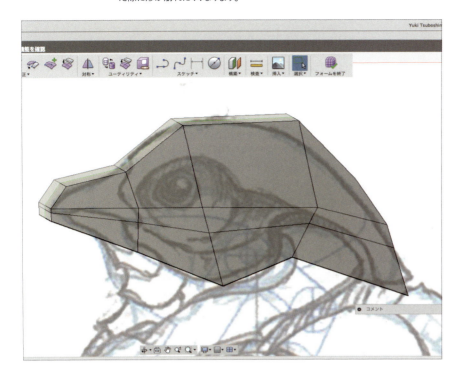

側面から見た形が整ってきたら、上面や前面からも確認しながら立体的に形を作ります。【フォームを編集】にある【ソフト修正】を使うと、選択した部分からグラデーションのように効果範囲が広がるので、面の流れを保ちながら大きく形を動かせます。

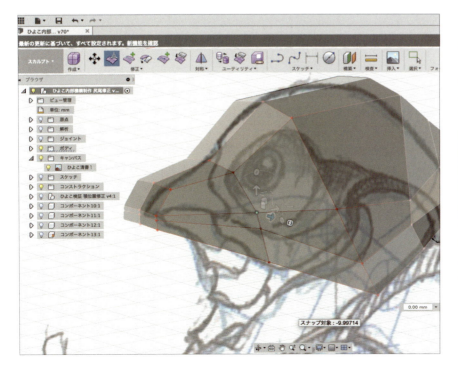

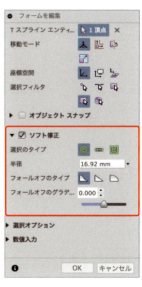

スムーズ表示で形を確かめながら、エッジを足し引きしていきます。【修正】→【折り目】から稜線部分に折り目を設定をしておくと形がはっきりするため、これから作り込む際の目安にもなるでしょう。この時点ではなるべく最低限のエッジ、四角形のポリゴンを意識します。

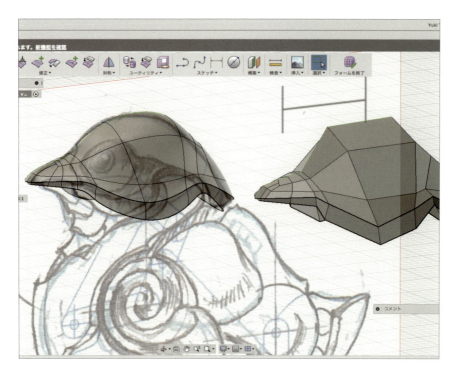

形を作り込むためにエッジを増やしていくと、面の流れが荒れる部分が出てくるかもしれません。そのため私の場合、スムーズ表示とボックス表示を交互に見ながらエッジの流れを意識して、好みの形になるまでエッジの足し引きを繰り返します。

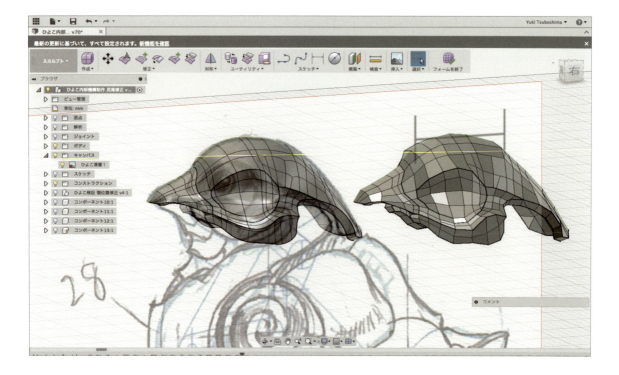

09

形が完成したら厚みを付けていきます。滑らかな形をしている場合、作業スペースを【モデル】に移行してからでも厚みを付けられますが、今回のように複雑な凹凸、入り組んだ形をしている場合、面をオフセットした際に面が重なり合ってエラーが出てしまうでしょう。そこで❶【修正】から【厚み】を選択し、❷【厚さのタイプ】を【エッジなし】にして実行します。

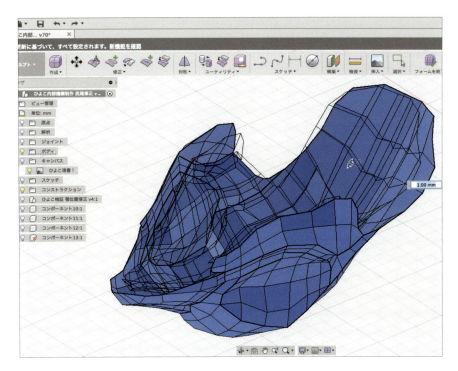
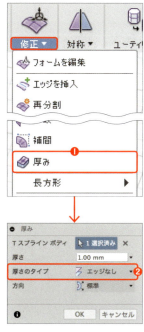

10

面が内側にオフセットされると、細い部分のエッジが交差してしまうので、右クリックから【フォームを編集】を選択して修正していきます。手順09で【厚さのタイプ】を【エッジなし】にしたことで、表面と裏面が別ボディとして扱えるため、それらを表示したり非表示にしたりすると修正が楽になるでしょう。

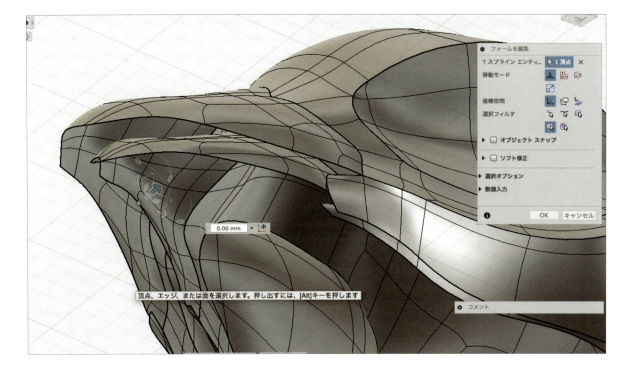

11

裏面の修正が済んだら、表面と裏面のボディの間を面でふさぎ、ひとつのボディにします。❶【修正】→【ブリッジ】や、❷【作成】→【面】などを使って面を作成し、隙間を埋めていきます。私の場合は、適材適所で【ブリッジ】と【面】を使い分けています。

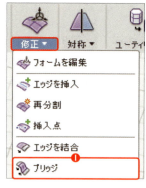

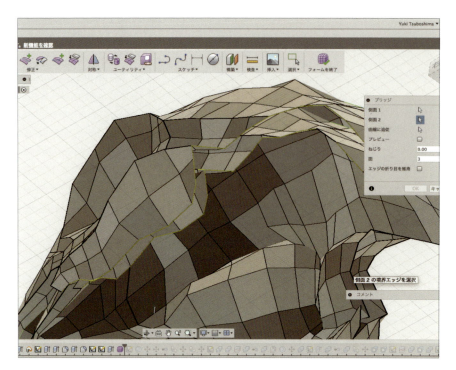

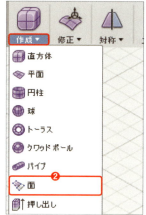

12

表面と裏面のボディがつながり、厚みの付いたボディとして完成しました。私の場合、最終的に型取り、鋳造するので、裏面は抜け勾配や鋳造の湯流れを考えて、表面とは多少変化を付けます。

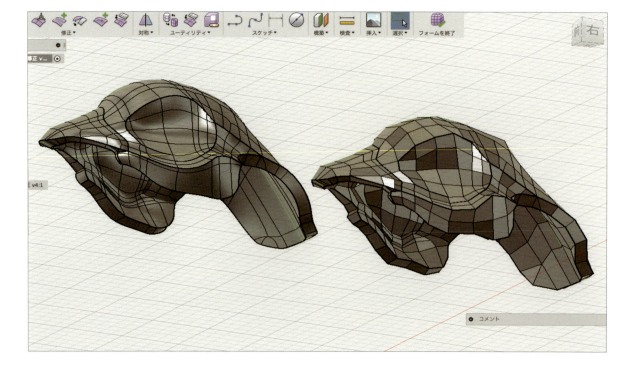

13

複雑な形をしているパーツは、分割した方がきれいに作れるため、翼は前後で別々に制作します。渦巻き状のものは最初に面を制作、【フォームを編集】で面を追加するなど、形に添った面を追加していく方が作りやすいでしょう。

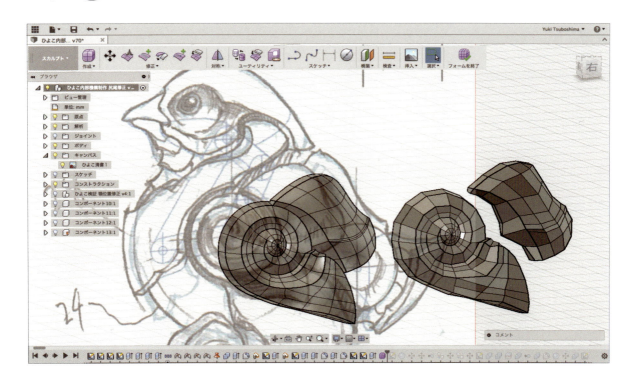

14

翼前部の渦巻きは大まかに形を作った後、適当な平面からスケッチを作り、ボディの頂点の上にスプラインを引きます。❶【修正】→【プル】で、❷スプラインをターゲットに選択し、残りの頂点をスプラインの流れに添わせることで、エッジの流れをスプラインに添ったものにできます。

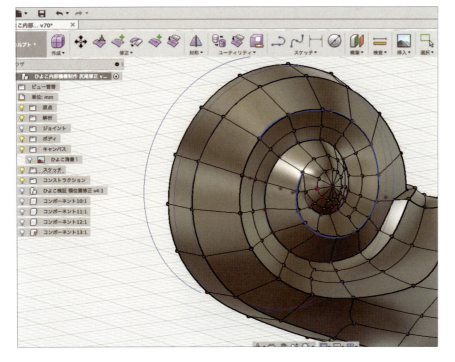

15

下顎から喉の部分は蛇腹状になるため、段差となる箇所を折り目に設定し、ボックス表示で作った角の形をそのままスムーズ表示に反映させています。

16

胸のあたりは正円に近い丸みを持たせ、そこから形がつながっていくようにしたかったため、スカルプトを始める以前のフィーチャーでその位置に球体を作っておき、【フォームを編集】の【オブジェクトスナップ】で任意の部分を球体に貼り付けました。

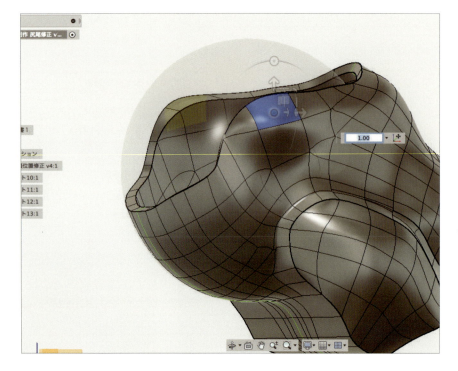
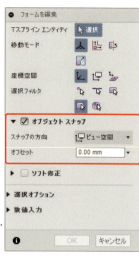

17

【スカルプト】での作業が終わったら❶【モデル】に戻り、内部機構を作ります。最初に決めた軸の位置を参考にして、『Fusion 360』の❷【スケッチ】を元に手描きでスケッチをするなどしながら形を探っていきます。

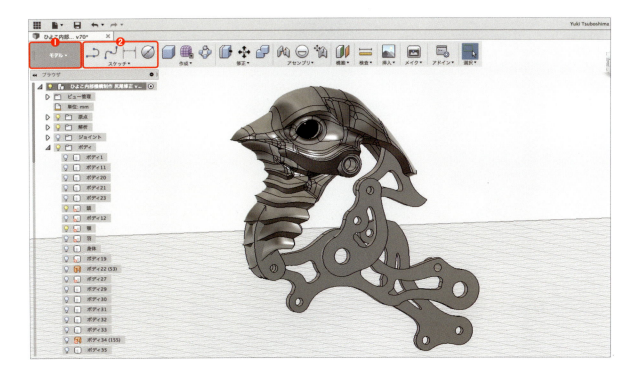

18

【スカルプト】で作ったボディに軸パーツを取り付けるには、あらかじめ接合部がはみ出すようにボディを作り、❶【フィーチャ編集】の【ツールを維持】にチェックを入れた状態で❷【切り取り】を行い、不要な部分を右クリックメニューから除去します。パラメトリックデザインでは、ボディを消去するとフィーチャーに影響が出る場合もあるので、不要なボディは除去するようにしましょう。

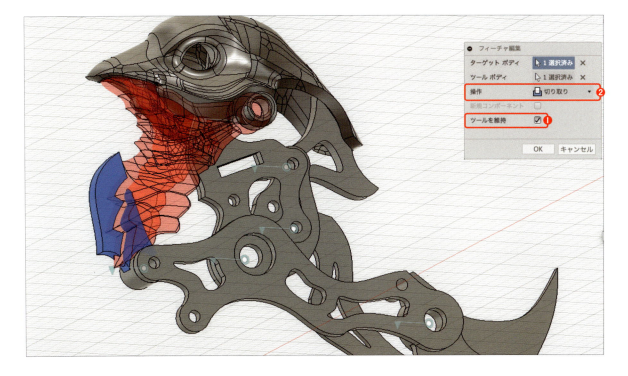

19

内部機構が完成したら、ボディからコンポーネントを作ります。❶【アセンブリ】→【ジョイント】で、接続したいコンポーネントをそれぞれ選択しましょう。接続したふたつのコンポーネントのジョイントを駆動させると、どちらか一方が固定されたまま、もう一方が駆動することになります。動くコンポーネントを指定する場合には、動かしたい方を❷【コンポーネント1】に指定します。

20

複数パーツをジョイントしてリンク機構などのシミュレーションをする場合、定位置で固定された土台となるパーツが必要になります。任意のコンポーネントを選択し、右クリックメニューから【固定】を選択しましょう。

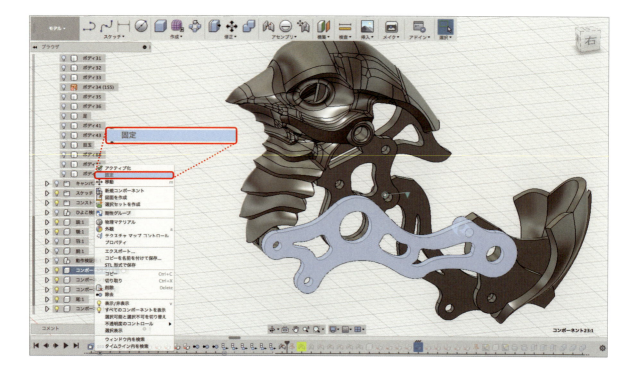

21

シリンダーを作ります。スライド関節を組み込みたい場合、【アセンブリ】→【ジョイント】内のオプションで、【モーション】の【タイプ】を【スライダ】に設定し、ふたつのコンポーネントを動かす方向の同軸上にある面や線を選択します。

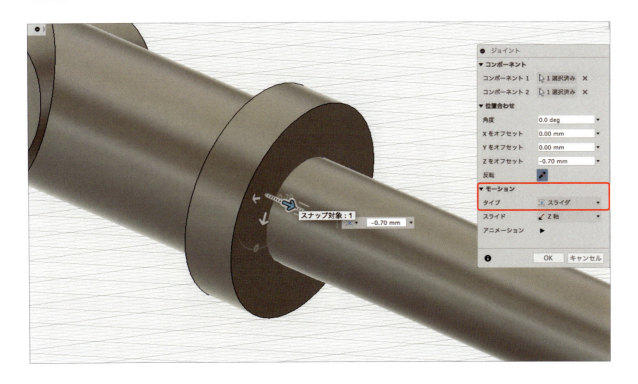

22

ボディに穴を開けます。穴を開ける場所の正面にコンストラクションを作り、スケッチを描きましょう。【修正】→【ボディを分割】で、ターゲットボディとスケッチ曲線を選択し、ボディを分割します。

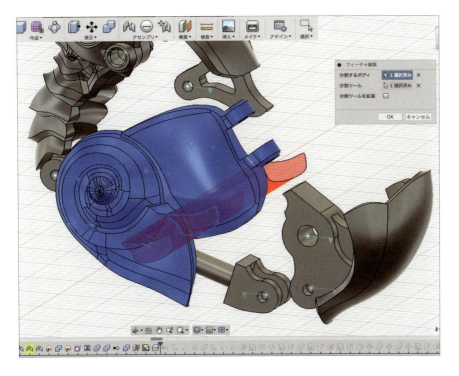

23

『Fusion 360』で設計したパーツは、3Dプリントして型取りをします。その際、逆テーパーが顕著だったり厚みがないものは、型が壊れたり完成後の強度が不足するかもしれません。設計をしながら常にこの形で型取りができるか、使っていて壊れたりしないかを考えるようにしましょう。

24

ここまでの加工はボディの左側を中心に施していたので、ほぼ完成という段階まできたらボディを左右対称にします。今回はyz平面を中心に左右対称となるように作業していたので、その平面を分割ツールに設定し、左右に切り分けます。次に【作成】→【ミラー】を選択し、分割したボディを反転したものを作り結合することで、完全に左右対称なボディが完成します。

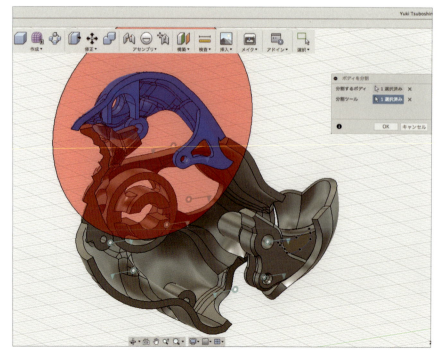

25

全体のパーツが揃ったら、最後の干渉チェックを行います。ジョイントを駆動させた際に当たってしまう部分はないか、組み立ての際に引っかかったり、はまらない部分はないかを、パーツを動かしたり断面分析を利用して調べます。

26

【レンダリング】では、素材を選択したり環境を決めるなど簡単な設定でレンダリングできます。立体物として作る前にリアルなCG画像を確認できると、完成させるまでのモチベーションが上がりますし、色や表面処理などの仕上げをどうするかなどのシミュレーションにもなるでしょう。

金井隆晴
Takaharu Kanai

株式会社no new folk studio CTO
mail@no-new-folk.com

PROFILE

首都大学東京大学院システムデザイン研究科にて芸術工学を専攻。シャープ株式会社にて、UXデザイナー、新規事業の企画担当を経て、学生時代のプロジェクトパートナーの菊川氏と共に株式会社no new folk studioを共同設立。2016年度グッドデザイン賞受賞。

INTERVIEW

——お仕事について教えていただけますか？

株式会社no new folk studioは「日常を表現にする」をミッションに、IoTプロダクトの開発や、そこで培った技術を用いたインスタレーションの制作、舞台演出などを行なっています。2016年にはOrpheというスマートフットウェアを開発、リリースしました。Orpheは両足に計約100個の個別制御可能なLED、9軸モーションセンサー、Bluetoothモジュールを内蔵したIoTプロダクトです。なお、私自身は製品開発の現場で、ハードウェアの設計周りを総括しています。特に機構設計やプロダクトデザインを受け持ちつつ、工場とやり取りしながら二人三脚で製品開発をしています。靴だけを作るメーカーでは

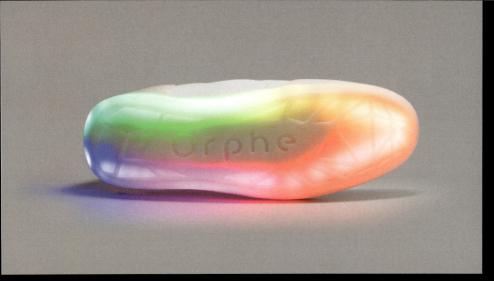

Orpheのソールデザイン。ソールの中にはフルカラーLEDを内蔵しています

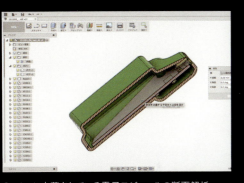

Orpheに内蔵されている電子モジュールの断面解析

『Fusion 360』を使ったOrpheのモデリングの様子

ありませんが、スマートフットウェアの開発はデザイン、機構設計、電気設計と多岐に渡って非常に奥深いので、日々研究を重ねています。
――ものづくりにおいて気を付けている点は何ですか？
造形に関しては、必要十分な要素で成り立つように、個々の構成要素が持つ意味を考えながらデザインしています。IoT製品は機能が主で、ハードはミニマルなスタイリングが求められることが多いです。Orpheの特長はセンサーを内蔵した光るソールなので、造形面での重み付けはソールに集中して、それ以外はできるだけニュートラルな印象になるようにしました。ソールについても無闇に装飾せず、全体のフォルムやラインの入れ方、裏底のパターンなどに対して、その理由をきちんと言語化できるように時間を費やして作っています。
――あなたにとって3D CADとは、どのようなツールですか？
膨らましたイメージを、現実空間と結び付ける道具です。粘土みたいなものとも言えますが、やはりデジタルであることがアドバンテージでしょう。
――『Fusion 360』を活用する場面はいつですか？
スタートアップ企業向けで、パラメトリックモデリングを行える3D CADを探していた時に『Fusion 360』を知りました。直線的な機構設計のために使い始めましたが、機能が充実しているので、最近では3Dモデリング全般で使っています。
――よく使用する『Fusion 360』の機能は何ですか？

ヒストリ（履歴）や断面解析は重宝しています。また、フィレットやシェルなども、同価格帯の3D CADと比べて、複雑な形状でもきちんと計算されているように感じます。最も気持ちがいいのは、デザインの共有機能を使う時かもしれません。ユーザー同士なら、ワンステップで作業履歴も含めて全部一括して共有されることは、非常に未来的だと感じています。
――『Fusion 360』の魅力とは？
未来志向の3D CADとして、機能がどんどんアップデートされることのほかコミュニティが活発なのも魅力です。会社で運用することを考えた場合、機能に対するコストパフォーマンスが高い点もありがたい。使い始めるまでの障壁が低いため、チームでの開発に導入しやすいソフトでしょう。

GALLERY

PocoPoco

音楽に合わせてボタンが飛び出る、ステップ・シーケンサーのような楽器。飛び出したボタンに対して、掴む、回すなどのフィジカルな操作を行うことで、音にエフェクトをかけられます。
https://www.youtube.com/watch?v=ALmsa_h8ho8

LuminouStep

Orpheの前身となるプロトタイプシューズ。バスケットシューズにLEDテープや圧力センサーを搭載。実験的なアプリケーションと組み合わせることで、スマートフットウェアの可能性を模索しました。

PROCESS of WORK in Fusion 360

スマートフットウェア "Orphe" の制作

Orphe（オルフェ）は、動きを"光"と"音"に変換する「スマートフットウェア」です。LEDやモーションセンサーをはじめ、さまざまな電子部品が内蔵されており、スマートフォンやMacと通信を行うことができます。靴型の電子楽器としてパフォーマンスに使用したり、足の動きを活用したコントローラーにすることができます。ここでは、『Fusion 360』の持つ強力な機能である「Tスプライン」を用いたフリーフォームモデリングを用いて、Orpheのモデリングプロセスを紹介します。ベースとなる靴のアウトソールパーツの3Dデータを基準にしながら、スカルプト編集機能を使って、曲面やボリューム感の調整をしていきます。

Orpheのレンダリングイメージ。テクスチャーやカラーバリエーションの検討にも利用できます。

専用アプリの使用イメージ。このアプリでは、実際の靴の動きに合わせて3Dモデルが動いています。

01

まず最初に、上から見た足型に合わせて靴のプロファイルをスケッチしたら、【パッチ】作業スペースの❶【作成】→【押し出し】でメインのサーフェスを作成。その後、側面のプロファイルサーフェスを使って、❷【修正】→【ボディを分割】を実行します。

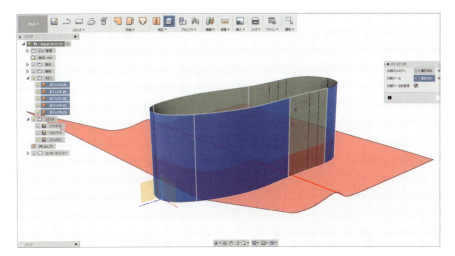

02

この段階で最も基本的な靴底形状を作り、靴全体のボリューム感やデザインの方向性を確認しておきます。

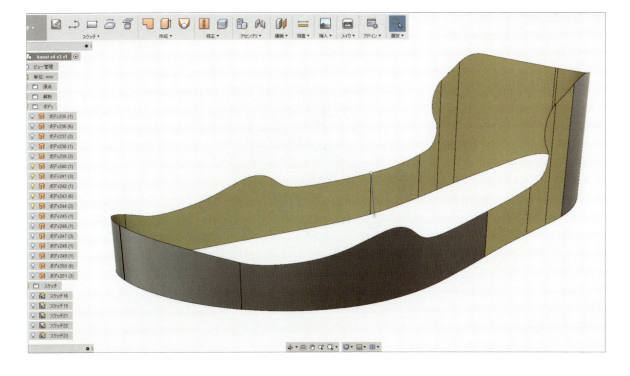

上面と底面のサーフェスを、側面のプロファイルサーフェスを使って切り取り、【修正】→【ステッチ】によりサーフェスをソリッド化します。

【モデル】作業スペースの❶【スケッチ】、❷【作成】→【押し出し】、❸【修正】→【プレス／プル】などを使いながら、設計要件に合わせてモデリングしていきます。

靴底のデザインパターンは、【挿入】→【SVGを挿入】から『Illustrator』などで作った線画を取り込んでもいいでしょう。

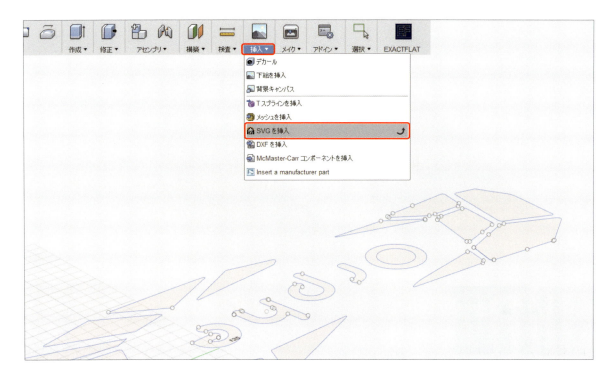

あらかじめ靴底の面を【-2mm】ほどオフセットしておき、そのオフセットした面まで、❶【作成】→【押し出し】を実行します。その際、❷【操作】を【切り取り】に設定しておき、ボディから切り取ります。一部分だけ切り取れなかった場合は、個別に【押し出し】を実行して、オフセット面で【修正】→【ボディを分割】すれば、ボディから切り取れることもあります。

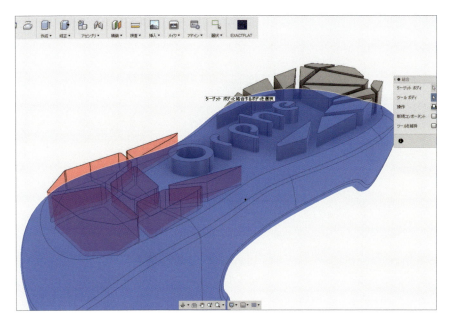

【スカルプト】作業スペースでインソールを作ります。まずは板形状を編集し、靴のプロファイルに合わせていきます。その際、最初に上から見たプロファイルに合わせておき、その後に横から見たプロファイルにも合わせていきましょう。それらを同時に合わせてしまうと、列が乱れやすくなってしまいます。

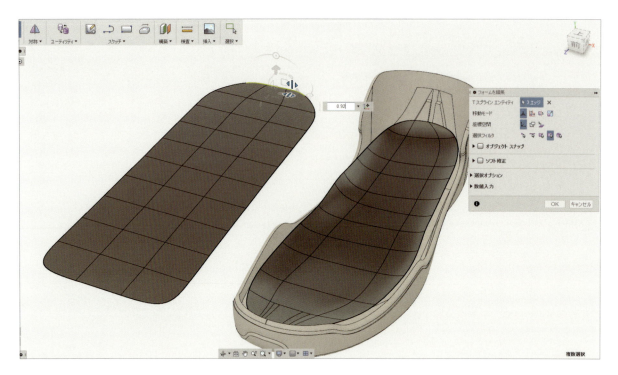

最初に描いたスケッチを表示したら、❶【作成】→【押し出し】を実行します。その際、❷【間隔】は【均一】に設定。プロファイルスケッチに沿うように面を増やしていき、その数を決定します。

09

【修正】→【フォームを編集】を使って、全体を靴底データに合わせていきます。もともとのプロファイルは最初に描いたスケッチを使っているため、ここではできるだけ上下の位置を合わせることに注力し、左右にはできるだけ動かさないようにしました。

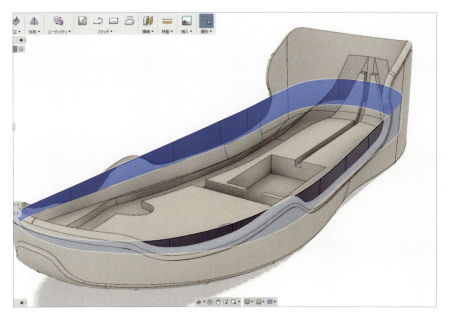

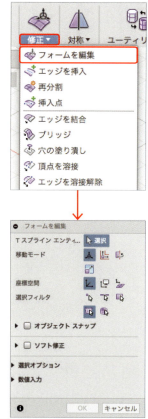

10

【フォームを編集】を使う際、【Altキー＋移動】で上方向に押し出すと同時にさまざまな角度から確認して、不自然にならないよう形状を整えていきます。

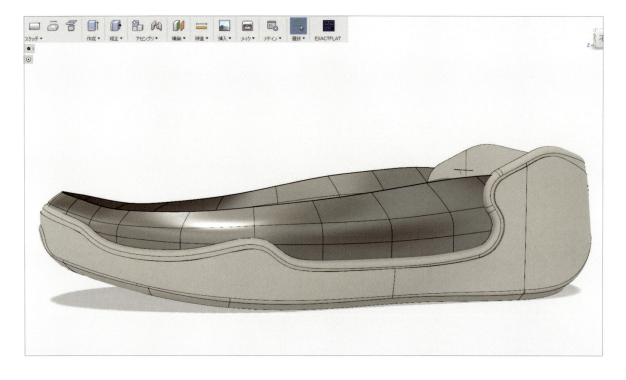

11

上面を作るため、爪先のエッジを幾つか選択して【Altキー＋移動】で押し出します。

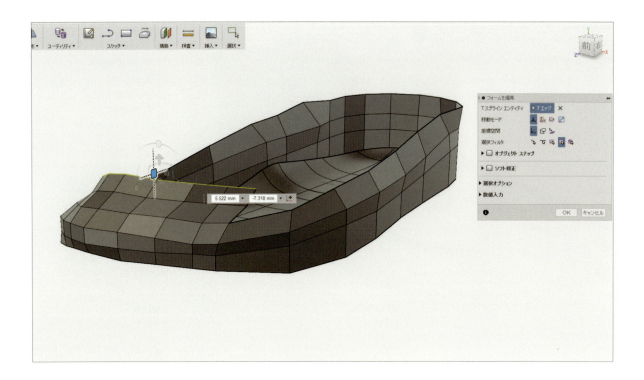

12

形状を整えながら徐々に延長していき、履き口まで一気に作ります。なお、甲にはベロを作る必要があるため、中央の列の一部を削除しました。

13

スカルプトモデリングでは、頂点を右クリックすると表示されるメニューの中から
【折り目解除】を選択すれば、角を丸めることができます。よく使うアクションなの
で覚えておきましょう。

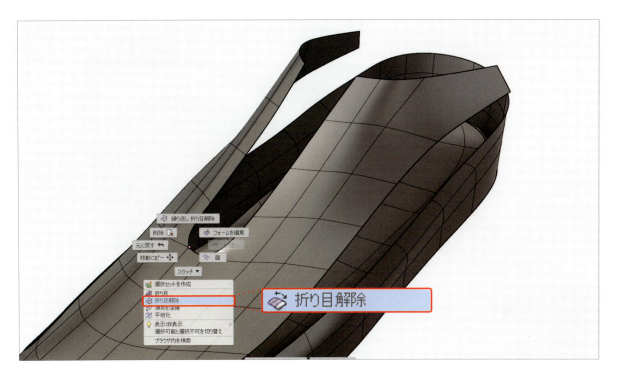

14

履き口は【修正】→【ブリッジ】でつなげた後に、少しずつ形を整えます。

15

履き口のエッジを内側方向に【Altキー＋移動】で薄く延長します。

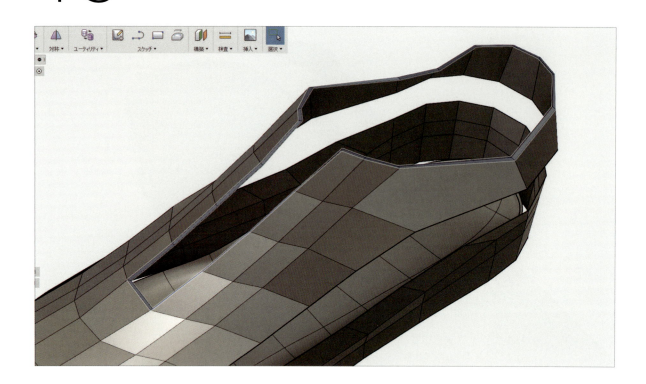

16

薄い延長面を作ることで、小さなフィレットがエッジにかかったような表現ができます（画像左）。薄い延長面を作らなければ、まるで板のようになってしまうため、布や皮で作られているような柔らかさを表現できません（画像右）。

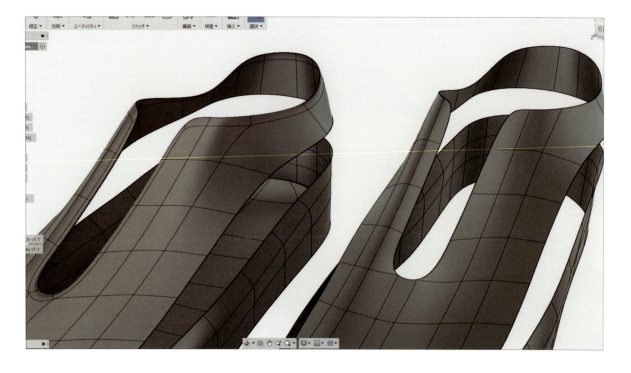

17

続いてこの画像のように、靴の内側（黄色の部分）を作っていきます。

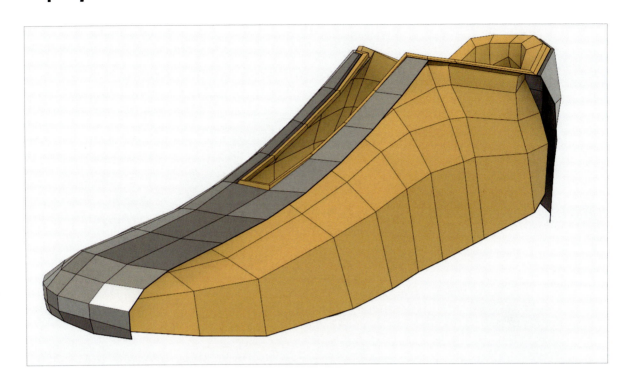

18

先ほど作った薄い延長面を使って、【修正】→【フォームを編集】の【Altキー＋移動】またはスケールで、さらに内側に押し出し面を作成します。その後、【修正】→【エッジを溶接解除】で独立したパーツにしておきます。

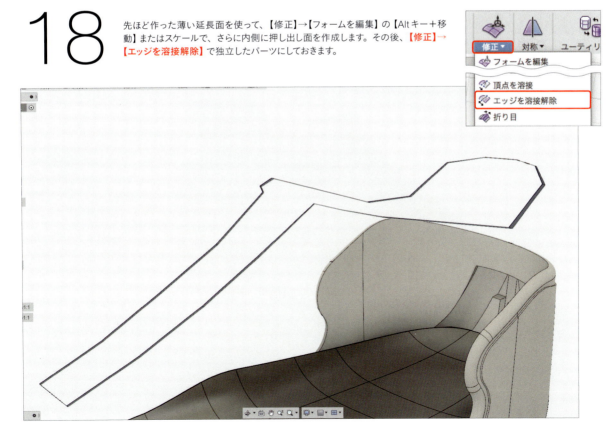

19

最も外側にあるエッジは、隣り合うオリジナルのエッジと同位置にあるため決して動かさず、内側のエッジを延長します。【修正】→【エッジを挿入】を使って、後からエッジを追加することも可能です。

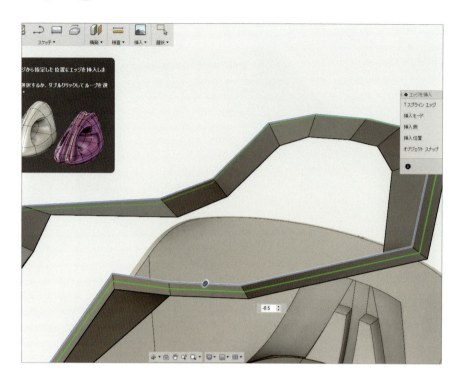

20

今作っているのは靴の内側なので、あまり外側にはみ出さないようにしなければなりません。表示と非表示を繰り返して、靴底や外皮部分と重ならないようにしながら延長していきます。

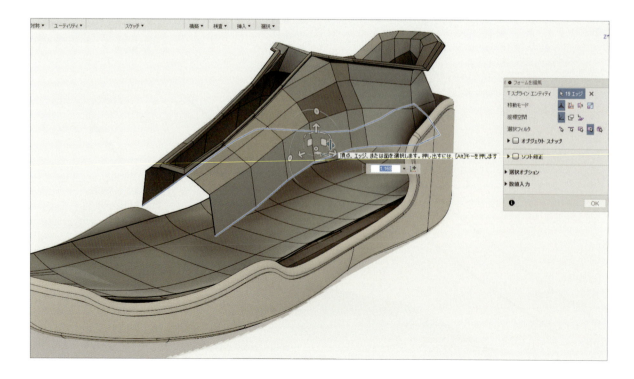

21

さらに延長する際は、エッジや面が乱れないように注意しましょう。エッジが乱れると、それに伴って面も乱れてしまいます。

22

手順16まで作成していた外皮部分をモデリングしていきます。現段階では上下が離れたモデルデータになっているため、【修正】→【ブリッジ】を使ってそれらをつなぎます。

23

続いてベロ部分をモデリングしていきます。板形状を編集した面を複製して、少しだけスケールをかけて内側に収まるようにしました。隙間は先ほどと同様、【修正】→【ブリッジ】でつなぎます。

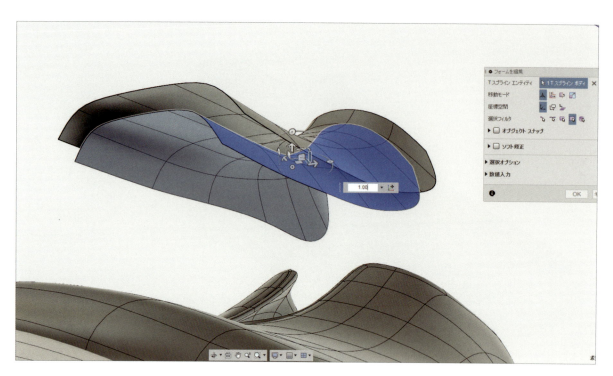

24

ボディに対して大体の位置を合わせたら、形状を少し整えます。

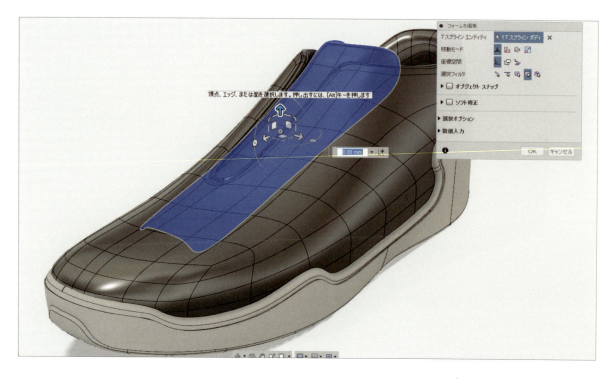

25

ここからはディテールをモデリングしていきます。ベロの上部には会社のロゴをプリントしたタグを付けるため、まずはタグをモデリングして、その後にデカールを貼付します。デカールを貼付する位置にあるオリジナルの面をひとつかふたつ選択したら、コピー&ペーストしましょう。

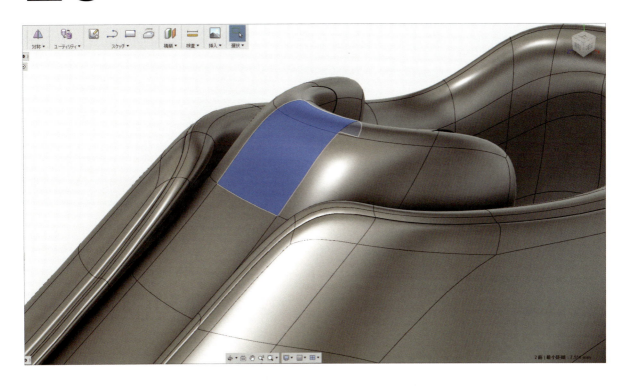

26

ペーストした面を一度モデルから離したら、【修正】→【エッジを挿入】などを使って、大まかにタグの形状を整えます。

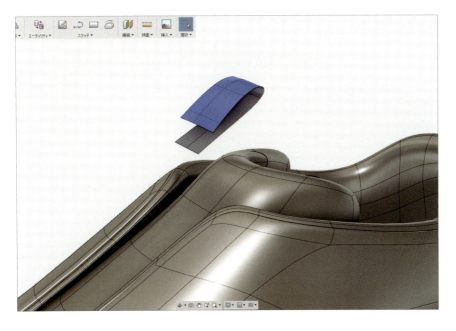

27

靴ヒモは特に型を作らず、感覚的に見栄え重視でモデリングしていきます。今回は【作成】→【円柱】で押し出したものを使いました。円柱の端は、靴に開けた穴に吸い込まれる感じを出すため、スケールで細くしておきます。

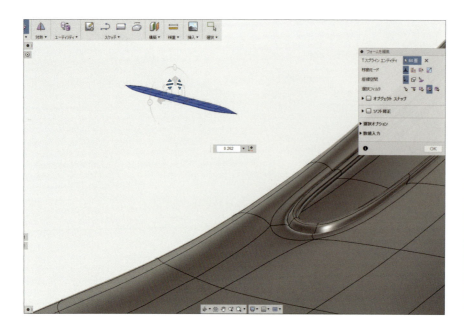

28

靴ヒモが重なり合う部分は、目視で適度に形を整えてあげると、レンダリングをした際にリアリティが増すでしょう。

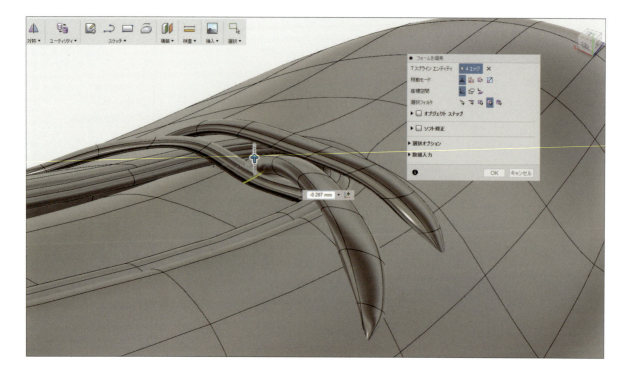

29

全体のプロポーションなどを確認します。【スカルプト】でのモデリングは、後からでも容易にプロポーションを整えることができるため、最初から細部を作り込む必要はありません。

30

最後に【修正】→【外観】で色などを指定します。このデータはVRやWebに掲載する目的で作っており、その用途としては十分なモデルが完成したと言えるでしょう。

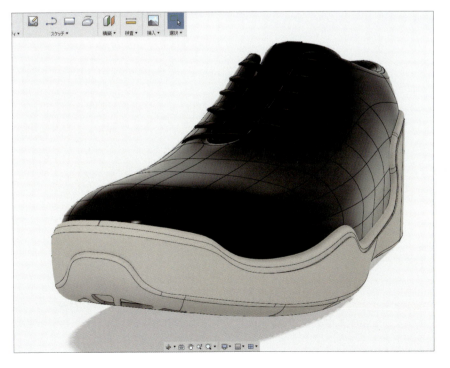

三谷 大暁
Hiroaki Mitani

3Dワークス株式会社（3D WORKS Co., Ltd）
最高技術責任者
info@3dworks.co.jp

PROFILE

大学を卒業後、CAD・CAMベンダーに7年間ほど勤務。退社後、3Dワークス株式会社の立ち上げに参画。「誰でもものづくりができる世界」を目指し、『Fusion 360』を核とした企業向けサービス「Biz Road」、書籍『Fusion 360 操作ガイド』（カットシステム刊）シリーズの販売、トレーニングセミナーの開催、『Fusion 360』のポータルサイト「Fusion 360 BASE」の運営などを行う。

INTERVIEW

——ものづくりにおいて気を付けている点は何ですか？

私は仕事柄、『Fusion 360』の操作方法を解説する書籍や、セミナーで使うコンテンツを主に作っています。必須の機能を楽しく習得しながら、徐々にレベルアップしていけるものを作るのは、それほど簡単ではありません。そのため『Fusion 360』でモデリングをする際にも、普段から「このモデリングの手順を習得するためには、どんな説明をしたらいいか」といったことを常に考えるようにしています。また、3D CADは単なる道具でしかないので、手作業でのもの

全国で開催している『Fusion 360』のセミナーの様子。初心者にも楽しみながら学んでいただけるよう、分かりやすいテキストと補助講師によるフォローでものづくりをサポートしています。参加者同士の交流も盛んです。

3DプリンターやCNC、レーザーカッターなどのデジタルファブリケーションツールを、いつでも使える環境で作業しています。

簡単なモデルから複雑なモデルまで、順を追って習得していただける『Fusion 360 操作ガイド』シリーズ（カットシステム刊）。初めて3D CADを学ぶ方にも分かりやすいよう、身近にあるものを例題にしています。

づくりも含めて、トータルでサポートするようにしています。

——あなたにとって3D CADとは、どのようなツールですか？

一言で表現すると、ワクワクするツールです。3D CADを使うことで、いろいろな人が千差万別なものを作れます。特に私たちのセミナーや書籍で学んだ方の作品は、私自身の孫のような存在にも思えて嬉しくなります。

——『Fusion 360』を活用する場面はいつですか？

自社のWebサイトに掲載している画像は、『Fusion 360』のレンダリング機能を活用しています。3Dデータを人に見せたりする際には、スマートフォン版『Fusion 360』もよく使っています。個人的にも、部屋の模様替えなどに活用しています。

——よく使用する『Fusion 360』の機能は何ですか？

全部です（笑）。『Fusion 360』の機能を解説する書籍を作るためには、全部の機能を使う必要がありますので。ただ、あえて挙げるならソリッドモデリング、レンダリング、CAMでしょうか。

——『Fusion 360』の魅力とは？

『Fusion 360』は、CAD機能からCAM機能までがひとつのツールに統合されているうえに、プロが使っているソフトと比べても、それらの機能に遜色がありません。部分最適ではなく全体最適が求められるこれからの時代に、ぴったりのソフトだと思っています。また、これだけの機能を備えたソフトが低価格で提供されているため、個人やスタートアップの方、中小企業においては革新的なソフトになると感じています。それと同時に、優れたソフトを誰でも使えるようになった分、「ツールを使いこなす人材育成」を重視しなければ、時代に置いていかれてしまうとも感じています。

GALLERY

ネコのクッキー型

セミナーや書籍で、モデリングの題材に使っているクッキー型。『Fusion 360』の基本的なコマンドや使い方を学ぶのに最適な課題です。これを作れれば、どんな形のクッキー型でも作れるようになります。

表札

友人への結婚祝いとして作った表札。表面の緩やかな曲面は『Fusion 360』のTスプラインモデリングで作り、CAMで切削しました。文字はレーザーカッターで彫刻しています。

Fusion 360
操作ガイド

ベーシック編・アドバンス編・スーパーアドバンス編からなる、初心者でもイチから『Fusion 360』を学べる操作ガイドシリーズ（カットシステム刊）。掲載している全てのモデルを、楽しみながら作れます。

PROCESS of WORK in Fusion 360

フルアルミニウム削り出しミニ四駆の制作

ボディ、シャーシ、ホイールからモーターカバーに至るまで、全てがアルミニウムの削り出しによるミニ四駆。FabCafeが主催する、Fabミニ四駆カップへの出場カーとして作りました。デザインはオートデスク株式会社の藤村祐爾氏、加工は私が担当。『Fusion 360』のCAD・CAM機能とDMM.make AKIBAの機材、株式会社アイジェットの3Dプリント部品を組合わせることで実現しました。完全オリジナルデザイン、一品物の金属加工作品となるため、全て外注していたら総額200万円以上はかかる贅沢仕様です。

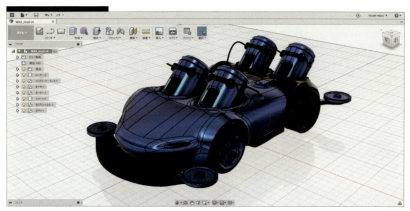

ボディは前後の2部品、シャーシは1部品、モーターカバーは3部品で構成。煙突のように伸びている4本の筒はモーターで、ひとつのモーターがひとつの車輪を回す仕組みになっています。

フルアルミニウム削り出しミニ四駆の完成形。モーターカバーの金色の部分は真鍮製で、裏側にはナイロンの3Dプリントパーツも使っています。

※ミニ四駆は株式会社タミヤの登録商標です。

01

必要最小限のサイズの母材を購入するために、材料検討をします。同時に形状の最も細いフィレット径や隙間を計測し、どの程度細い工具が必要なのかを確認し、必要に応じて購入しておきます。

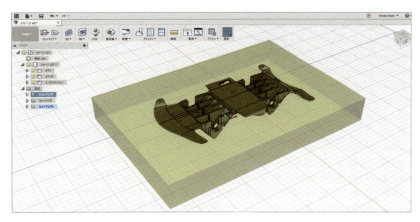

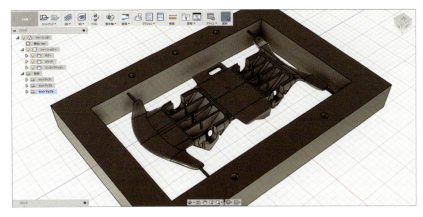

このミニ四駆は両面加工するため、最初に裏側を加工する際に必要となる枠と支えブリッジの位置を、CAD機能を使って検討します。ブリッジは両面の加工が終了してから、最後の段階で切り取ります。

02

ここからツールパス（工具の軌跡）を作っていきます。荒加工は【3D】→【負荷制御】のパスを使い、高速切削します。深さを何mmずつ削るのか、どの程度のスピードで削るのかなどの条件を設定します。

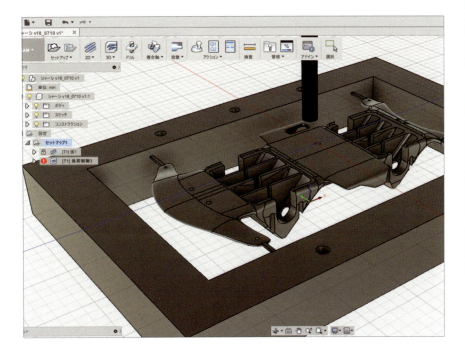

03

計算結果のツールパスです。工具の負荷を減らして高速で荒取りできるように、弧を描くような動きをしています。工作機械にもよりますが、【負荷制御】は加工時間を大幅に減らしてくれる、非常に有効なツールパスを作成します。

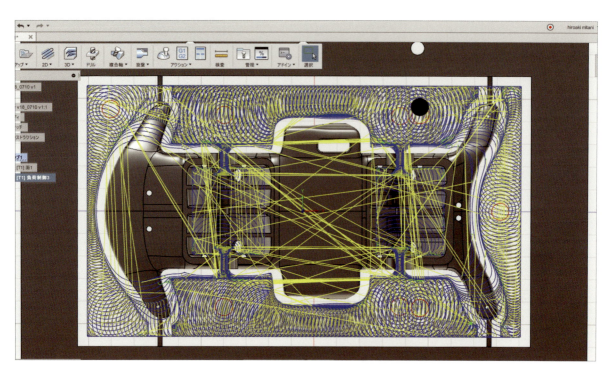

04

削り上がりのシミュレーションです。枠なしで加工すると無駄なパスが減って加工時間は短くなりますが、削り残しの箇所を頭の中で考慮する必要があります。シミュレーションで確認しながら削る方が安全です。

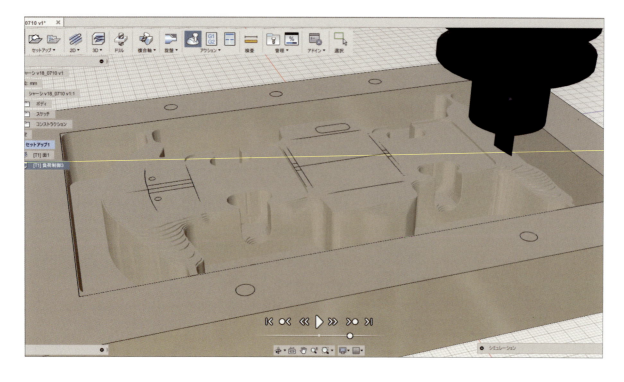

実際の加工画像です。工具はなるべく短くセットした方がいいですが、短すぎるとホルダと材料がぶつかってしまいます。『Fusion 360』では事前に長さをチェックできるので、工具セッティングも楽にできます。

太い工具では削れなかった箇所を、【3D】→【負荷制御】を使って再び荒取りします。形状のエッジやスケッチを使用して、削りたい箇所の範囲指定も行えます。前の加工工程で削り残った箇所にのみ、パスを出す設定もできます。

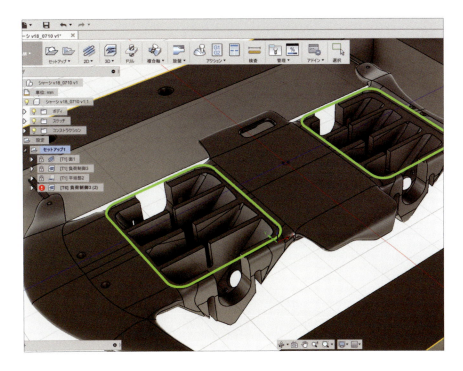

ボールエンドミルという先端が半球の工具を使用して、❶【3D】→【等高線】で中仕上げ加工をします。❷【傾斜】という設定で角度を入力すると、急斜面のみを加工するパスを簡単に作成できます。

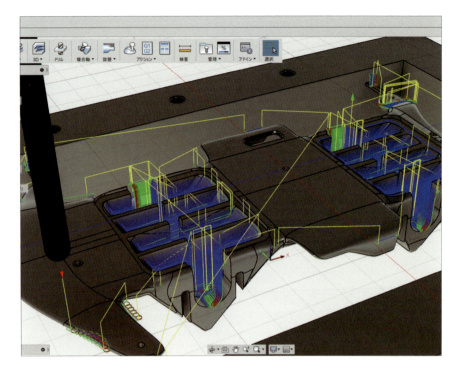

❶【3D】→【走査線】で、緩斜面の中仕上げ加工をします。【等高線】は急斜面に適したパスで、【走査線】は緩斜面に適したパスです。❷【切削ピッチ】は【0.5mm】と荒めに設定し、❸【仕上げ代】は【0.15mm】を残しているため、この後の工程で完全に仕上げていきます。

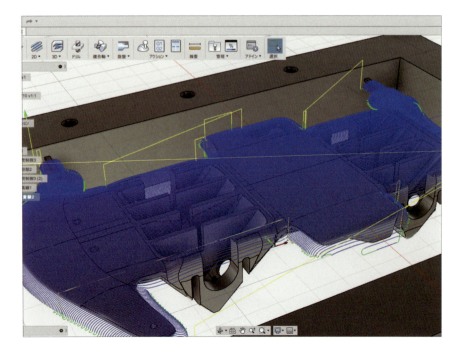

別部品を取り付ける箇所は、より細い工具で高精度に仕上げます。今回はΦ2mmのボールエンドミルで削りました。その他の溝部分は精度が必要ないため、先ほどの等高線加工で仕上がったものとしています。

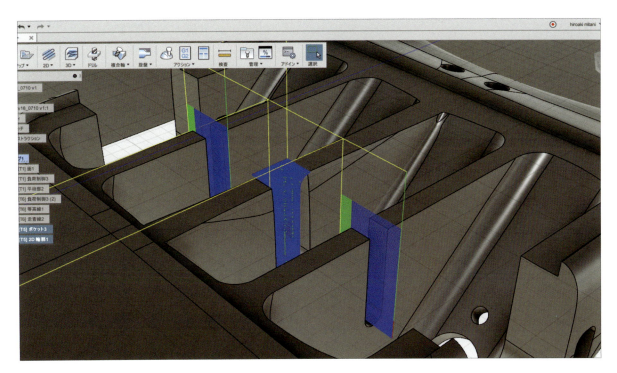

10

❶【3D】→【走査線】で、緩斜面の仕上げ加工をします。中仕上げの際には【切削ピッチ】を【0.5mm】に設定しましたが、今回は❷【0.2mm】に設定しているため、よりきれいな仕上がりになります。パスの密度が非常に細かくなっているのが、画像でも確認できるでしょう。

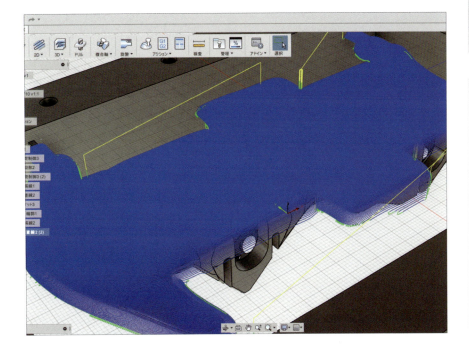

11

❶【3D】→【等高線】で、急斜面の仕上げ加工をします。こちらも❷【最大切込みピッチ】を【0.2mm】に設定しました。少し深い箇所まで加工することにより、裏返して加工した際にも段差が付かないようにしています。

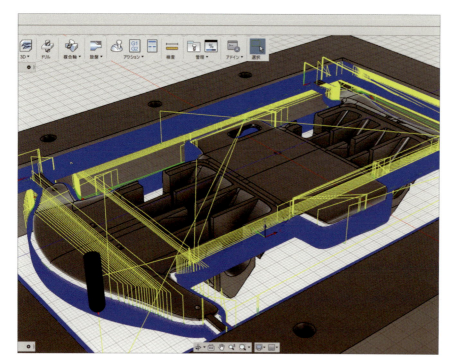

12

実際の加工画像。今回はDLCコーティングという、アルミ切削用の特殊コーティングが施された工具で削っているため、切削面が非常にきれいに光っています。

13

本体の穴と位置決め用の穴を開けていきます。同じ穴を機械のテーブル上にも開けておき、位置決めピンを刺して裏返すことで、反対面を加工した際にもずれることなく加工できます。

14

裏側を削る際には、【セットアップ】→【新しいセットアップ】を実行して、裏側用のセットアップを新たに作ります。『Fusion 360』では、モデリングした任意の形状を材料として定義できるため、無駄のないツールパスを作成できます。

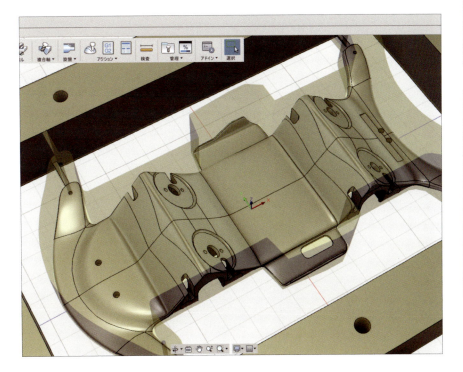

15

形状に穴が開いている箇所は、工具が届く深さまで加工してしまうため、パス落ちという状態になります。CAD機能を使ってパス落ちを防ぐサーフェスやソリッドを簡単に作成できるのは、CADとCAMが一体化している『Fusion 360』ならではです。

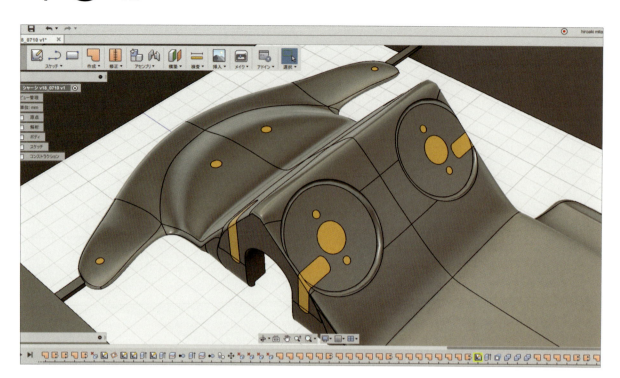

16

緩斜面の中仕上げ用に作った【走査線】のツールパス。パス落ちを防ぐサーフェス（ダミー面）により、ツールパスが穴や溝に入り込んでいないことが分かります。

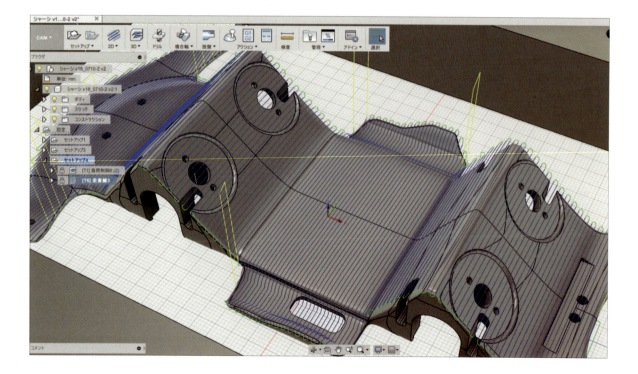

17

CAD画面で設計変更などを行うと、形状との整合性を取るため、❶【ブラウザ】に赤色の感嘆符が表示されます。その際は❷【ツールパスを生成】で再計算するか、再計算が不要な場合には、❸【保護】を使うと便利です。

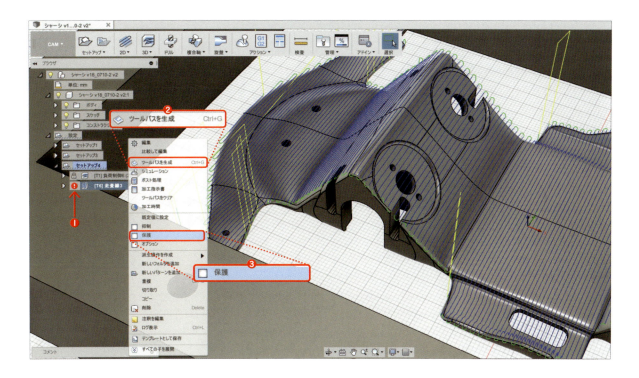

18

裏側も表側と同様に、【傾斜】の設定を利用して、緩斜面は【走査線】、急斜面は【等高線】のツールパスで仕上げます。【加工時間】にパスごとの合計加工時間が表示されるため、夜間運転する際の目安にできます。

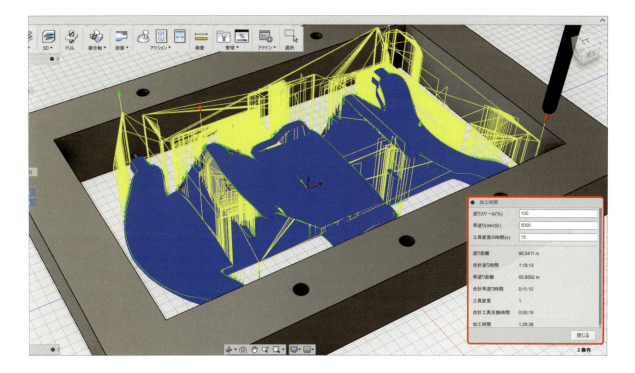

19

最後に【3D】→【スキャロップ】での仕上げと、ブリッジを切り落とすツールパスを作成します。今回はシャーシの底面が平らなので、裏返した際に接着面が大きくなります。そのため、あえて底面から削る加工段取りとしました。

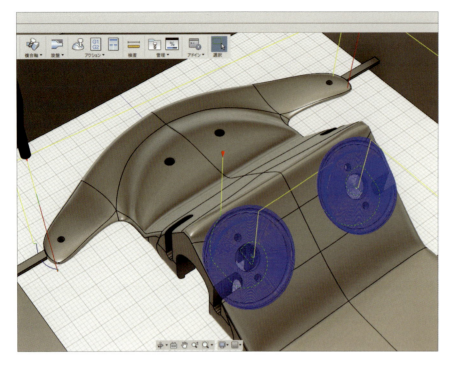

20

実際の加工画像です。本来は治具を使ってモデルが動かないように固定するのですが、今回は別の方法で固定し、プロセスを簡略化しました。

21

他の部品も同様の手順で加工しました。大きい部品のシャーシとボディは個別に、小さい部品のホイールとモーターカバーは複数個を並べることで、加工効率を上げています。

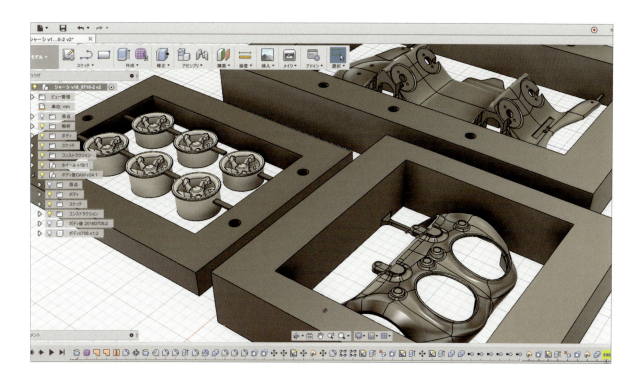

22

加工製品の組み立て途中の画像です。手仕上げなしでもきれいに仕上がっています。

大上竹彦
Takehiko Ogami

GEAR DESIGN 代表
グラフィックデザイナー
http://geardesign.businesscatalyst.com
oogamitakehiko@mac.com
06-6444-7311

PROFILE

京都造形短期大学インテリア建築コースを卒業後、株式会社日本電装に入社。広告やサインデザイン、設計業務に携わる。退社後、株式会社コンテンツ（現・株式会社プロテラス）に入社。チーフデザイナーとして広告、デザイン、3DCG建築パース、内装のグラフィックデザインを担当。退社後の2004年、GEAR DESIGNを設立。パース、CG、グラフィックデザインなどを手掛ける。

INTERVIEW

——お仕事について教えていただけますか？

2004年に設立したGEAR DESIGNにて、パース、CG、グラフィックデザインなどを手掛けています。その仕事の傍ら、イラスト教室を開いたり、『ZBrush』の講師を務めたり、講演会に登壇することもあります。絵本作家としても活動し、電子書籍『かっぱくん』『ワンちゃんのクリスマス』が発売中です。そのほかFacebookに毎日3Dキャラクターなどの画像を投稿したりと、精力的に活動しています。

仕事場の様子

絵本の表紙

講演会に登壇した際の様子

――ものづくりにおいて気を付けている点は何ですか？
毎日、少しでもものを作ることにしています。その日その日の課題を自分に与えて、常に新しい技術を取り入れ、より良いものを作るよう心掛けています。

――あなたにとって3D CADとは、どのようなツールですか？
私はCGを仕事にしているのに、一般的なポリゴンモデリングはできません。そのため、機械系のモデリングは非常に苦労していました。しかし『Fusion 360』と出会ってから、逆に機械系のモデリングが楽しくなりました。今後、さらに勉強して上達したいと思っています。

――『Fusion 360』を活用する場面はいつですか？
普段はデジタルフィギュアの原型製作時、武器やメカパーツを作る時に活用しています。また、建築CGパースを描いていますので、今後は難しい形状の家具を描く際に活用していきたいです。

――よく使用する『Fusion 360』の機能は何ですか？
面取り、履歴、断面解析など。

――『Fusion 360』の魅力とは？
作業画面が非常に見やすい点です。モチベーションアップにつながっています。また、クラウドでデータを管理できるため、複数の人とのデータ共有が便利なこと、それによりデザインが早く完成する点が魅力です。『ZBrush』は粘土に非常に近い感覚でスカルプト(彫塑)ができますが、『Fusion 360』はCADならではの機械的な造形が得意です。『ZBrush』と『Fusion 360』を連携させ、互いの強みを生かせる点は、造形において強力な武器になります。

GALLERY

彫刻付き金属製オイルライター

セミナー用の教材。本体は『Fusion 360』で、彫刻は『ZBrush』で作りました。

めそ子フィギュア

クライアントであるクラスメソッド株式会社のキャラクター。株式会社ロイスエンタテインメントからの依頼で、フィギュアのデジタル原型を担当させていただきました。
©ロイスエンタテインメント

鶏型ロボット

ハードサーフェス練習用に『ZBrush』で作りました。

犬の騎士

この書籍用に描き起こした、格好良くてかわいい騎士(中身は犬)。ベースを『Fusion 360』で作ってから『ZBrush』で仕上げました。

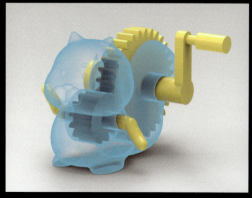

歯車とリス

こちらも新規に描き起こしました。「犬の騎士」とは逆に、『ZBrush』でモデリングしてから『Fusion 360』で仕上げています。

PROCESS of WORK in **Fusion 360**

フィギュア"犬の騎士"の制作

ベースを『Fusion 360』で作り、その後『ZBrush』で装飾や仕上げを施します。それぞれのソフトのいい所を使ってモデリングしました。『Fusion 360』のスカルプトモデリングは、CGソフトのポリゴンモデリングのように扱えるため、簡単にモデリングできます。

兜を下げると格好良く、上げるとかわいいキャラクターを目指しました。中には犬が入っています。

01

モデリング中に迷わないよう、最初にスケッチを描いてイメージを固めておきます。その際、どこまで『Fusion 360』を使うか、どこから『ZBrush』で仕上げるかという工程も考えておく必要があるでしょう。今回は頭部の大雑把なベース、パーツの作成、穴開けまでを『Fusion 360』で、その後のバランス調整や細部の装飾や仕上げなどを『ZBrush』で行います。

02

スカルプト作業スペースで、❶【作成】→【クワッドボール】を実行。その際、左右対称にするため、❷【対称】を【ミラー】にしたうえで、❸【長さの対称性】にはチェックを入れておきます。

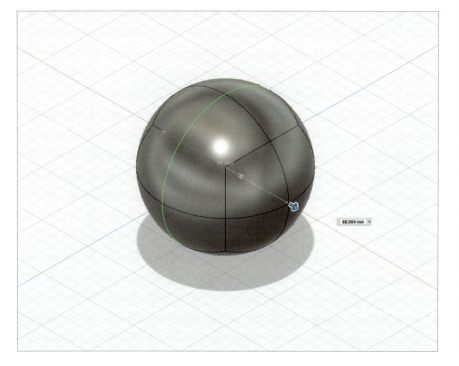

03

❶【修正】→【折り目】を使ってセンターにエッジを出したら、❷【修正】→【エッジを挿入】で形を整えていきましょう。なお、エッジ同士を近付けると角が立ちますが、逆に離すと緩やかになります。その後、❸【修正】→【フォームを編集】で納得いくまでフォルムを整えます。

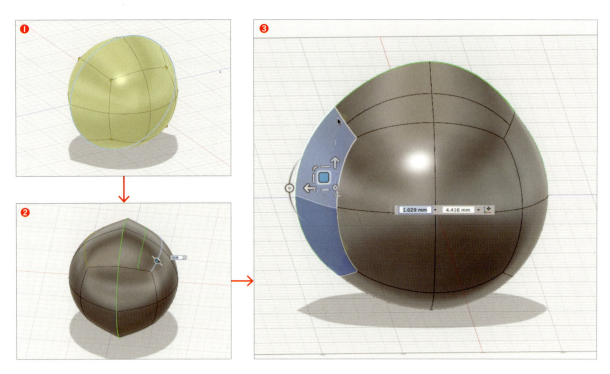

04

兜の前面となる部分をコピー&ペーストして、別パーツにします。

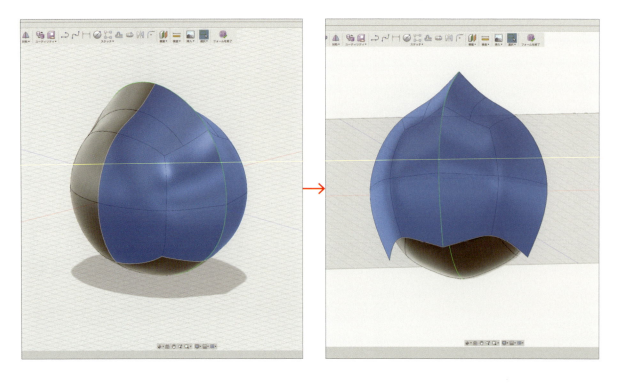

05

🅐のラインを削除したり厚みを加えたりしながら、形状を整えていきます。納得いく形状になったら、フォームを終了しましょう。

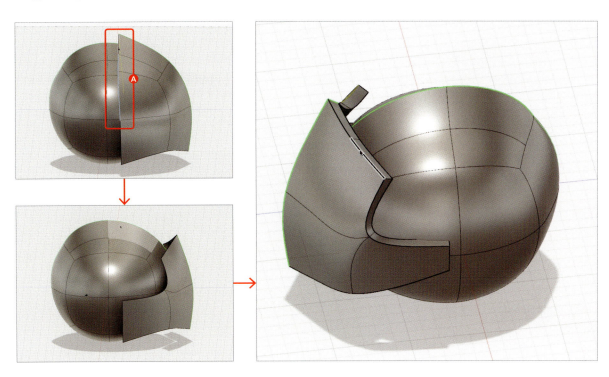

06

【モデル】作業スペースの【スケッチ】→【スロット】を使って、兜の前面部に穴を開けます。片側に穴を開けたら、それをもう片側にコピーしましょう。

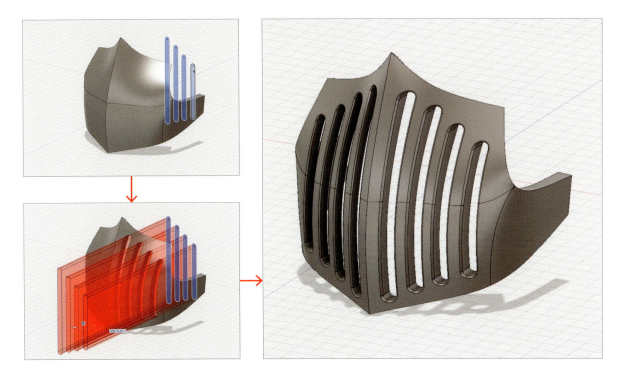

❶耳部分を作ったり、顎部分を削ったりしながら、全体のフォルムを調整します。
❷内部には【修正】→【シェル】を使って、犬を入れるための穴を開けました。後に『ZBrush』で仕上げるため、❸ブラウザから【STL形式で保存】を選択し書き出しておきます。

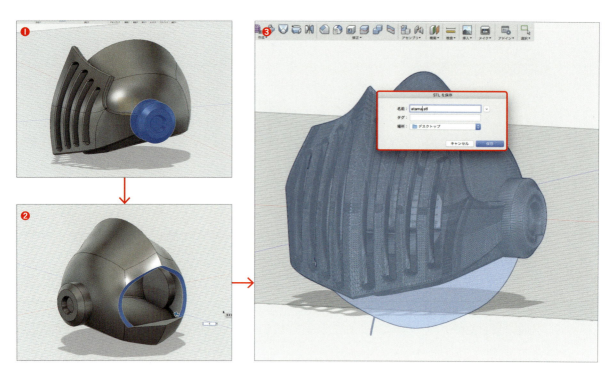

胸部・腕部・足部に関しては、全て同じパーツを元に作ります。まずは、そのベースとなるパーツをモデリングしていきましょう。頭部と同様、❶【作成】→【クワッドボール】を実行。その後、❷【修正】→【フォームを編集】で調整します。また、❸【修正】→【折り目】を使って中央のエッジを立てましょう。

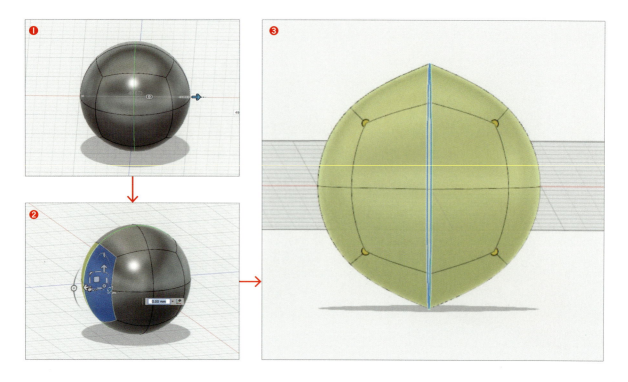

09

❶【スケッチ】で分割ラインを作り、❷【修正】→【ボディを分割】を実行します。❸不要な形状を削除したら、残った形状の面を取り整えましょう。その後、ブラウザから【STL形式で保存】を選択し書き出します。

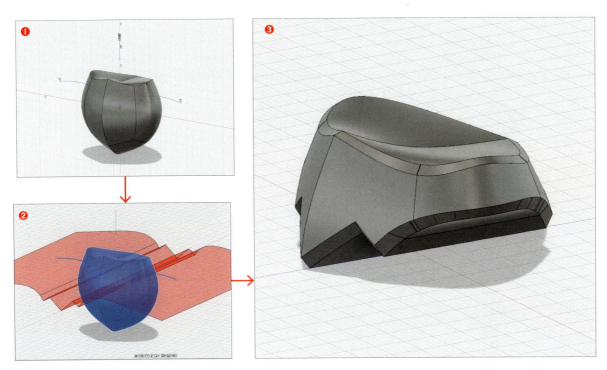

10

剣も『Fusion 360』で作ります。❶『Illustrator』で剣を描いたらSVG形式で書き出し、それを『Fusion 360』の【挿入】→【SVGを挿入】で読み込みましょう。その後、作業の効率を上げるため、読み込んだイラストをセンターに移動します。ただし、そのイラストはロックされているため、❷イラストを右クリックして【固定/固定解除】を選択してください。次に、❸キーボードのMキーを押して移動ツールを起動し、【点から点へ】を選択すると、きっちりセンターに移動することができます。

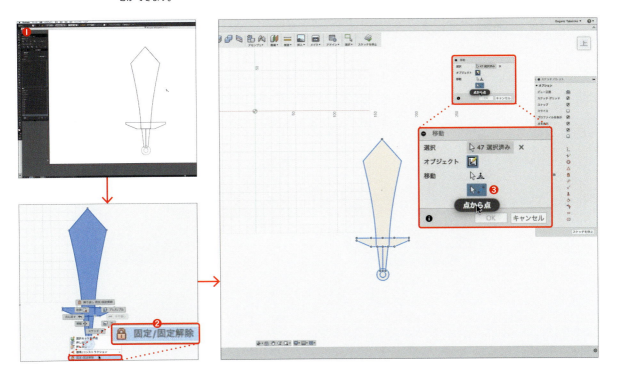

11

❶【作成】→【押し出し】でテーパーを付けながら刃を作ります。ただし、柄に近い箇所は細くするため、❷【スケッチ】→【長方形】で四角形を描いて削りました。❸柄は【作成】→【回転】を使ってメリハリを付けておきます。

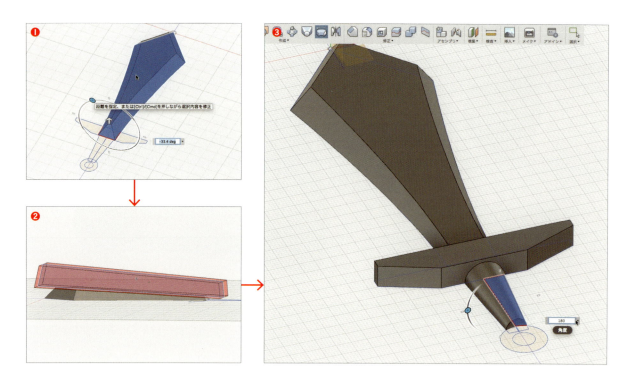

12

柄の先にある円形は、❶【作成】→【押し出し】の後、❷【修正】→【フィレット】を実行しました。

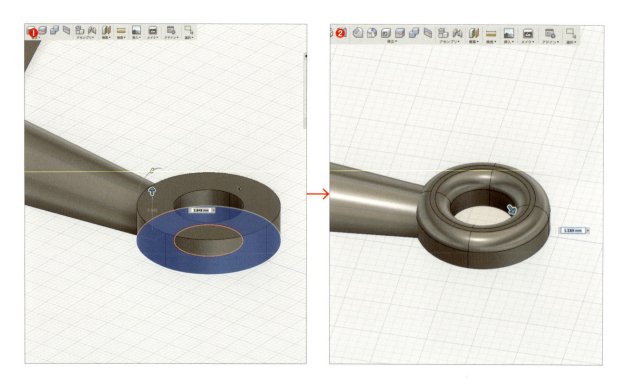

13

刃の内側は少しくぼませたいので、❶【スケッチ】→【オフセット】を実行して、❷【作成】→【押し出し】(【操作】は【切り取り】に設定)でテーパーを付けながら削ります。ある程度完成したら、❸【作成】→【ミラー】で反転コピーした後、ブラウザから【STL形式で保存】を選択し、書き出しましょう。

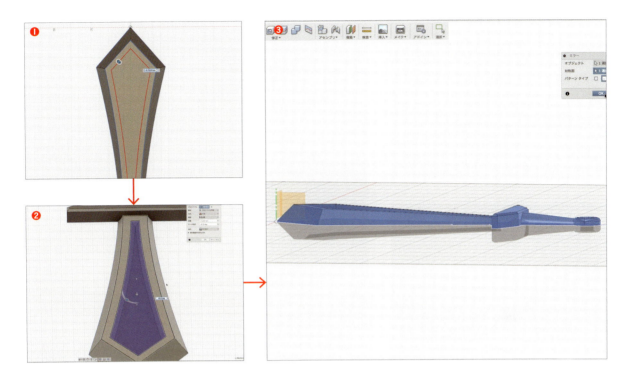

14

ここからは『ZBrush』で仕上げ作業を行います。まず『Fusion 360』で書き出した各STLファイルを、【ZPlugin】→【3D Print Exporter】→【STL Import】から読み込みましょう。

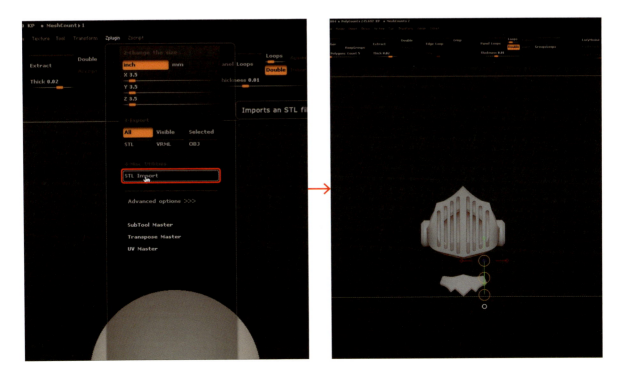

15

作業しやすいよう、頭部に ❶【Split To Parts】を適用。すると、連続面でつながっていないパーツが分解されます。❷そのパーツを複製して顎部分を作りました。胴体部分も同じパーツを複製して調整することで、鎧の重なりを表現しています。さらに、❸胴体部分のパーツを複製して腕部や足部のパーツに転用します。

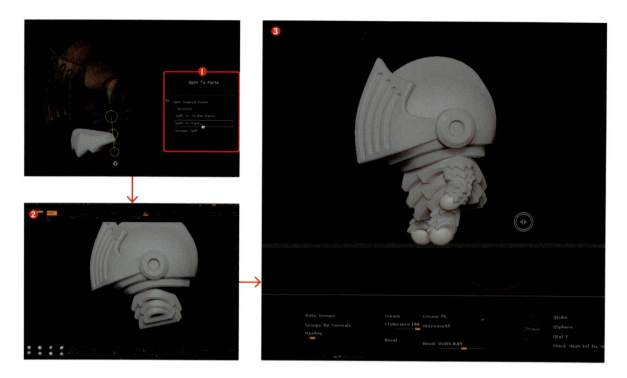

16

剣のSTLファイルも【STL Import】から読み込みます。その後、❶【Curve Brush】で装飾を描き込みました。❷完成したら騎士に剣や盾を持たせて、バランスを調整します。

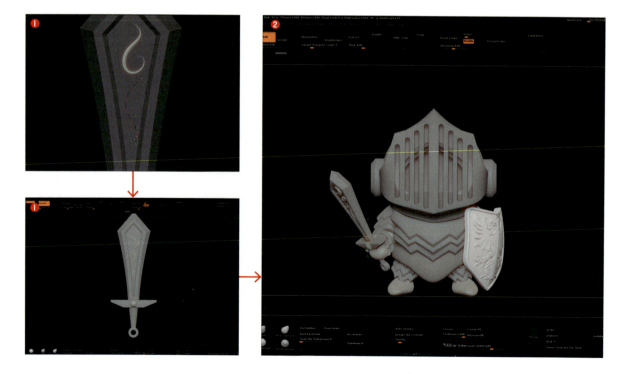

17

❶装飾用のパーツを作ったら、❷鎧に配置していきましょう。ものによっては
【Alpha】で掘り込むなどして、メリハリを付ければ完成です。

18

❶各パーツにダボを付けたら、❷3Dプリンターで出力します。出力は、FULL
DIMENSIONS STUDIO（http://www.f-d-studio.jp/）に依頼しました。

歯車とリスの制作プロセスを無料公開中
「歯車とリス」の制作プロセスは、本書サポートページにて、PDFと動画で公開しています。下記URLにアクセスしてご覧ください。
スマートフォンからは右のQRコードでもアクセスできます。　▶ http://www.sotechsha.co.jp/sp/1163/

秋葉征人
Masato Akiba

PLUSALFA
ma-p@mui.biglobe.ne.jp

PROFILE

渋谷にあるホビー模型販売店に30年間ほど勤務。2016年にフリーのモデラーとなる。主にモデルカーのデジタル原型製作や、ジオラマ模型などに使用するワンオフモデルを製作。

INTERVIEW

――お仕事について教えていただけますか？

モデルカーの中でも、デフォルメモデルカーのデザインを得意としています。3D CADを使い始める前は、デフォルメモデルカーの造形を手作業でしていました。手作業での造形は10年間ほど続けていましたが、約3年前に『123D Design』で3D CADを初体験して以来、デジタル造形にはまりました。現在は『123D Design』ではなく、『Fusion 360』をメインで使用しております。最近は3Dプリンターでの出力が気軽にでき

3Dプリンターで出力する際は、出力サービスを利用しています。これはDMM.makeのアクリル樹脂。

ワンオフのモデルカーを製作する際のイメージスケッチ。スカルプトモデリングにより、1時間ほどで形にします。

自宅の仕事机。模型製作も3D CADも、同じ机を共有して行っています。室内で塗装できるよう、排気付き塗装ブースを導入しました。

るようになったため、デザインからフィニッシュまで、すべての作業をひとりで完結することが可能になりました。
──ものづくりにおいて気を付けている点は何ですか？
デフォルメモデルカーの造形に関しては、実車のファンにも受け入れてもらえる格好良さと、デフォルメならではの可愛らしさを両立させる点に気を配っています。見た人に「車好きが作っているんだな」と思ってもらえたらうれしいですね。
── あなたにとって3D CADとは、どのようなツールですか？

ニッパーやデザインナイフの延長にあるような、模型工具の一種だと思っています。
──『Fusion 360』を活用する場面はいつですか？
『Fusion 360』は直感的な操作で曲面を作ることができるため、デザインの初期段階から活用しています。特に漠然としたイメージを形にする際に使うのが、最も向いていると思います。普通なら紙にスケッチを描いてイメージを膨らませて形にするのでしょうが、誰もが上手に描けるわけではありませんし。

──よく使用する『Fusion 360』の機能は何ですか？
モデルカーを作る際は、まずスカルプトモデリングで全体を造形してから、ソリッドモデリングで細部を作り込んでいきます。主に使うのはこれらの機能です。
──『Fusion 360』の魅力とは？
直感的な操作で曲面を作れる、スカルプトモデリングが最も魅力的です。さらにソリッドモデリングには、3D CAD特有のテキパキ感もちゃんとあります。

GALLERY

The Coupe from Riverside

デフォルメカーのオリジネーターであるデイブ・ディール氏のイラストを、チョロQサイズのモデルカーにしました。

Ferrari 512 S

チョロQサイズのデフォルメモデルカー。ウインドーのクリアパーツは、塩ビ板のヒートプレスで再現しました。マーキング類は自作の水転写デカールを貼っています。

Ferrari 288 GTO

チョロQサイズのデフォルメモデルカー。フォグランプとテールランプは、クリア部品を使用。

PROCESS of WORK in **Fusion 360**

デフォルメモデルカー "Ferrari 250 GTO" の制作

『Fusion 360』のスカルプトモデリング機能を使って、クラシックカーによく見られる美しい曲面を表現していきます。また、模型をモデリングする際に必須となる、ディテールの作り方についても解説します。

3D CADデータ完成時のレンダリング画像。Ferrari 250 GTOは、3D CADソフトでは作りにくい曲面の多い車ですが、『Fusion 360』を使えば思ったよりも簡単に作ることができます。

3Dプリンターで出力したものを組立てた完成品。ボディには表面処理を施して、3Dプリンターの積層段差は完全に見えなくなっています。

01

作業スペースを【スカルプト】にし、❶【作成】→【直方体】で面の数を指定します。面の数を増やすと細かく造形できますが、増やしすぎるとなだらかな面を作るのが難しくなります。まずは少なめの面で始めた方がいいでしょう。なお、この段階で❷【対称】→【ミラー - 内部】を有効にしておきます。

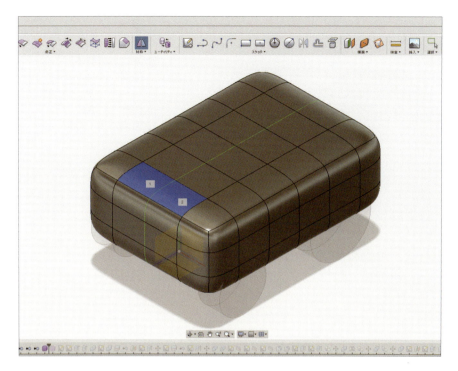

02

【修正】→【フォームを編集】で面やエッジ、頂点を移動しながら造形します。この面の数で作ることができる形状は、おそらくこんなところでしょう。

03

さらに細かく造形していくため、❶【修正】→【エッジを挿入】を実行します。❷峰にエッジを挿入して上方向に引っ張り上げると、フェンダーの抑揚がはっきりします。

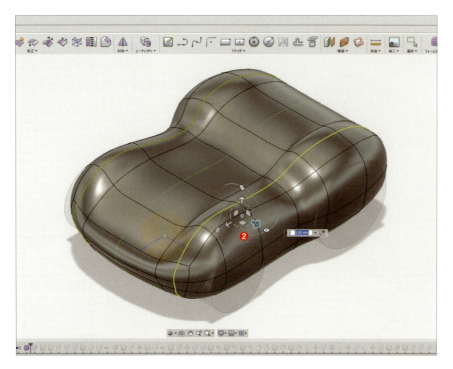

04

Ferrari 250 GTOはルーフとボディの形状が明らかに異なるため、ルーフは別パーツにした方が作りやすいでしょう。❶【作成】→【直方体】を使って、❷新たにルーフを作り、ソリッド化した後に結合します。

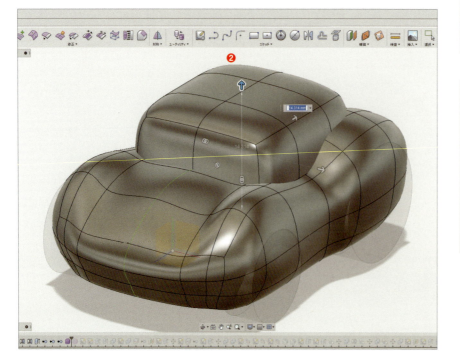

ルーフのエッジをはっきりさせていきます。エッジを選択して【修正】→【ベベルエッジ】を実行すれば、自然なエッジを作ることが可能です。

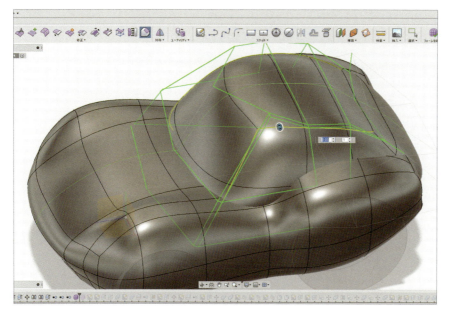

10時間ほどかけて形状を修正したものが、この画像です。ただしこの段階では、まだテールは作り込んでいません。テールの作り込みは、【モデル】作業スペースで行います。

07

作業スペースを【モデル】に変更して、ディテールを入れていきます。まずはフェンダーアーチの切り取りです。❶タイヤの側面にスケッチを作ったら、❷【作成】→【押し出し】を実行します。

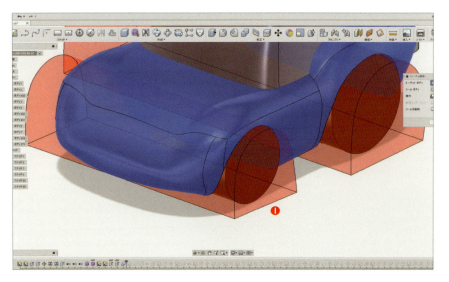

08

Ferrari 250 GTOの特徴的なダックテールを作っていきます。❶切り取る断面のラインをスケッチしたら、❷【修正】→【ボディを分割】を使って前後に分割。不要になった後部は除去します。

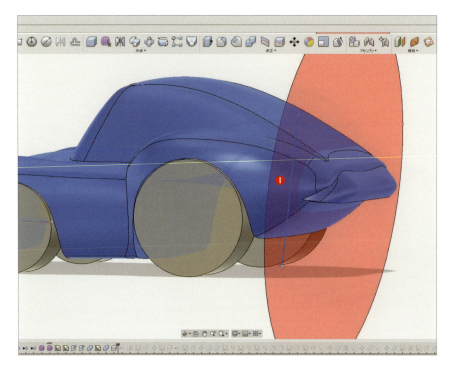

分割面をスケッチ平面としてスポイラーの形状をスケッチしたら、【作成】→【押し出し】で立体化します。スポイラーの側面に断面の形状をスケッチしたうえで、スポイラーだけを分割。不要になった部分は除去します。

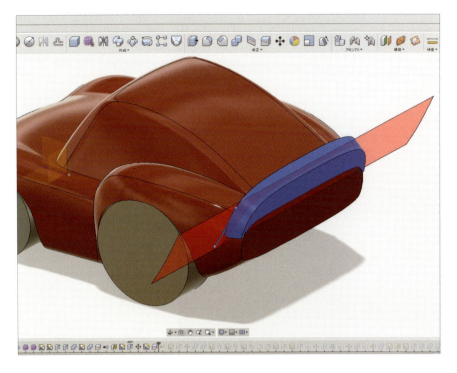

サイドウインドーを作りながら、スジ彫りの手順を説明します。まず最初に、側面から見たスジ彫りラインをスケッチします。なお、ここではリヤタイヤの側面をスケッチ面にしました。【修正】→【面を分割】を選択して、そのスケッチを実際のボディに移動します。

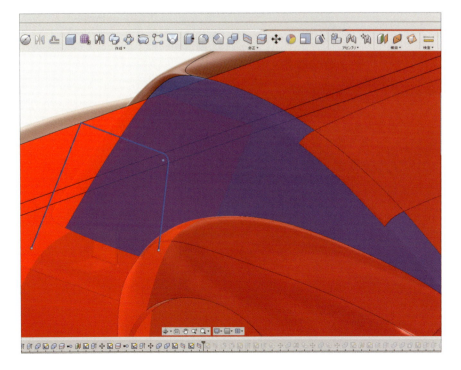

11

❶【構築】→【パスに沿った平面】でスジ彫りを入れるパスを選択したら、スジ彫り用の断面形を描くスケッチ面を作ります。その後、❷【スケッチ】→【長方形】→【中心の長方形】で、スジ彫りの幅や深さと同じ四角形をスケッチします。

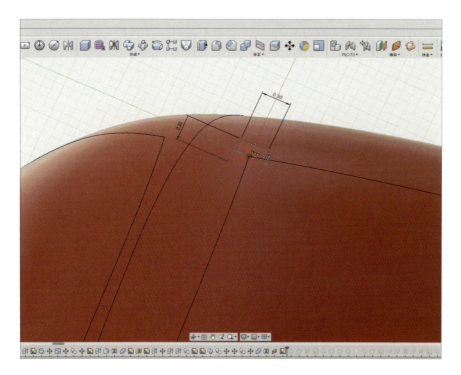

12

スケッチした四角形を、❶【作成】→【スイープ】でソリッド化します。その際、❷【タイプ】は【単一パス】を、❸【プロファイル】は四角形を、❹【パス】はスジ彫りを入れるパスを選択しましょう。その他のスジ彫りも、同様の手順でソリッド化していきます。

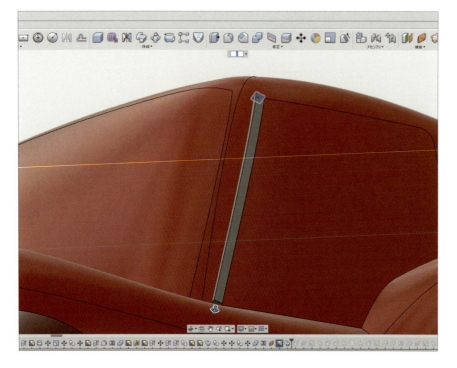

13

❶【修正】→【結合】と進んで、❷【操作】を【切り取り】に設定。メインボディからソリッド化したスジ彫りを切り取ります。

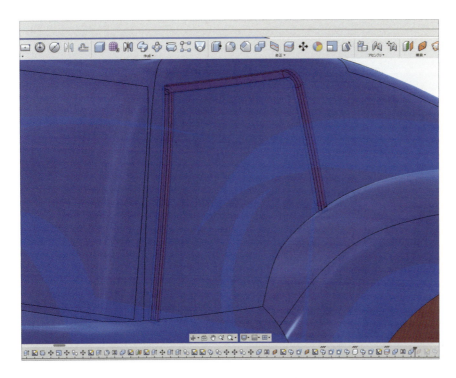

14

ヘッドライトなどディテールのほとんどは、スケッチをしてからソリッド化、そして【結合】を繰り返すことで造形していきます。

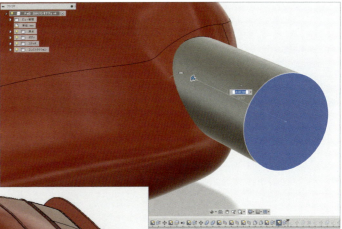

3Dプリント用のデータが完成しました。出力後の塗装作業のことを考えて、なるべく色ごとに別パーツ化しました。パーツのクリアランスは0.1mmです。

圓田 歩
Ayumi Maruta

TheMarutaWorks メイカー
themarutaworks@gmail.com

PROFILE

幼少期よりクルマが大好き。当時の夢はカーデザイナーになること。今までに乗り継いだクルマは9台で、すべてスポーツカー。いつか乗りたいクルマは"Ford RS 200"。趣味はアナログ、デジタル問わずものづくり。週末はもっぱら6歳の娘と一緒に段ボール工作や、100均で購入した物でおもちゃを作ったりしている。

INTERVIEW

——お仕事について教えていただけますか？

TheMarutaWorksという名前で、個人メイカーとして活動しています。主に株式会社タミヤのミニ四駆ボディを『Fusion 360』でデザインし、3Dプリント＆塗装などをした作品を作っています。また、FabCafe Tokyo主催のFabミニ四駆カップという、デジタル工作機を使ったミニ四駆カスタマイズレースイベントでは、オリジナルのミニ四駆ボディを作るワークショップの講師も務めています。

——ものづくりにおいて気を付けている点は何ですか？

ひとつは、自分自身が「格好いい！」と思える作品であること。自分がそう思えない作品は、当然、他人からも「格好いい！」という評価をもらえな

仕上げ前の3Dプリントボディ

モデリング用のノートPC

多数の参考資料

GALLERY

TMW001 "FABULOUS"

『Fusion 360』で初めて作ったミニ四駆ボディ。ミニ四駆の格好良さと実車の格好良さをミックスしたマシン。

TMW110 "NEW FABULOUS"

FABULOUSのフルモデルチェンジ版。誰もが操る楽しさを体感できるスポーツクーペという設定でデザインしました。

TMW110R "NEW FABULOUS GT1"

NEW FABULOUSがツーリングカーレースに出場したら……という設定で、新規にモデリングしたエアロパーツなどをベース車両に装着。メッシュやLED、マフラーも装着して、よりリアルに仕上げました。

TMW FA010 "FABULOUS LM"

「TheMarutaWorksが耐久レースに参戦！」という設定でデザインしたマシン。ボディを3分割し、実車のオープン機構ギミックを再現。オープン機構は『Fusion 360』上でシミュレートしました。

TMW for MaBeee "Mb-1"

ノバルス株式会社のIoT電池・MaBeeeのデモミニ四駆をデザイン。電池が外から見えるように、ルーフ全体をクリアにしました。

TMW 1/1 "COCO WRC'17"

「AR技術を使って、自分でデザインした車を実写サイズで見てみたい！」という思いから、『Fusion 360』でデータ制作した実写サイズのマシン。

TMW008 "CARASETTA"

主人公マシン（NEW FABULOUS）のライバルという位置付けでデザイン。デザインコンセプトは、エリートが乗る高性能マシン。

TMW006 "COCO WRC'16"

ミニ四駆にはハッチバックモデルが少ないため、格好いいハッチバックをコンセプトにデザイン。イメージはリッターカーをラリー用にエボ化したモンスターマシン。

TMW×The Koharu Works "なっちゃん"

6歳の娘が描いたイラストをベースに、『Fusion 360』でリデザイン＆モデリング。塗装用のマスキングテープカットとラインストーン仕上げは妻によるもの。家族3人で作った夢のミニ四駆。

TMW003 "CROSS FOUR"

近未来のパイプフレームバギーをイメージしました。ボディフレームをアルマイト加工っぽく見せるため、シルバーにクリアレッドを重ねて塗装しています。

PROCESS of WORK in Fusion 360

RCミニ四駆 "TMW000X FABULOUS X(experiment)" のボディデザイン

ここではオリジナルのRCミニ四駆"FABULOUS X"を、実際に『Fusion 360』で作る過程を紹介させていただきます。デザインコンセプトはAIフォーミュラカー。「20年後には、人工知能を搭載した車でレースを行うカテゴリーもできるのではないか？」という仮説のもと、想像を膨らませてデザインしました。

『Fusion 360』のレンダリング機能を使った、最終レンダリング画像。実際にものとして作る時の完成イメージを固めるためにも、レンダリングは必ず行っています。

Formlabs社の光造形3Dプリンター・Form 2を使ってクリアレジンで出力後、研磨、塗装、デカール貼り、トップコートしたボディ。

※ミニ四駆は株式会社タミヤの登録商標です。

01

フロントフェンダーから作り始めます。【スカルプト】モードに入り、ベースシャーシデータをサイドビューに変更したら、❶【スケッチ】→【円弧】を使って、❷タイヤを囲うようにスケッチを描きます。最終的に厚みを付けるので、タイヤとの間にはある程度の余裕を持たせました。

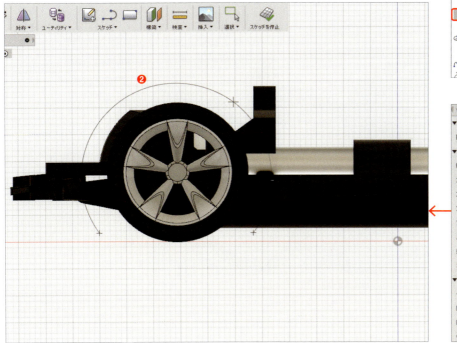

02

先ほど【円弧】で描いたスケッチをタイヤの外側に移動し、❶【作成】→【押し出し】や❷【修正】→【フォームを編集】を使って、❸形状を整えていきます。

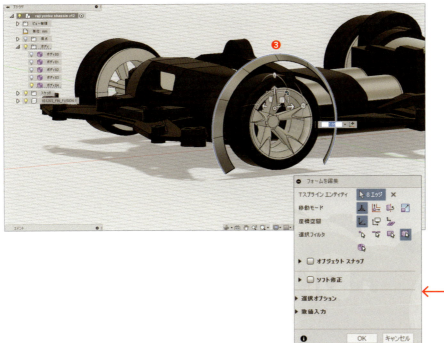

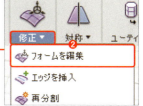

03

❶【フォームを編集】を使って右フェンダーの形状を整えたら、❷【対称】→【ミラー - 複製】で、❸左フェンダーを作ります。

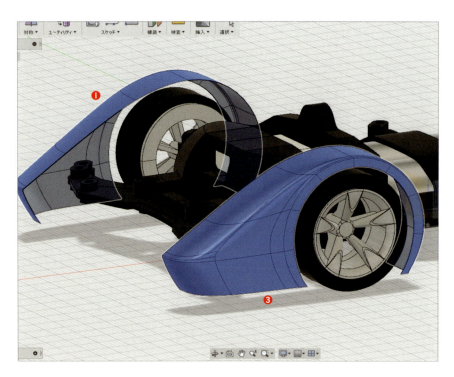

04

フロントフェンダーをコピーしたら、【修正】→❶【移動/コピー】や❷【フォームを編集】のマニピュレータを使い、回転させるなどして、❸リアに配置します。

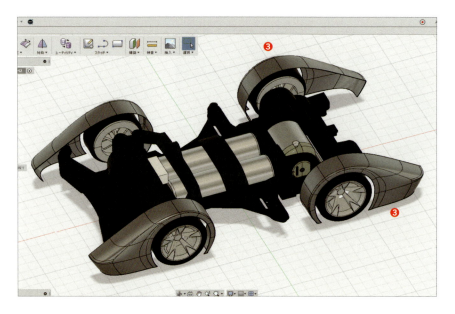

次にノーズからテールにかけての形状を作ります。❶【スケッチ】→【スプライン】を使って、フェンダーの際と同様にサイドビューで大まかなラインを引きます。最終的に細かい修正を入れるため、現時点ではそれほど作り込みません。ラインを引き終えたら❷【作成】→【押し出し】で、❸面を作ります。

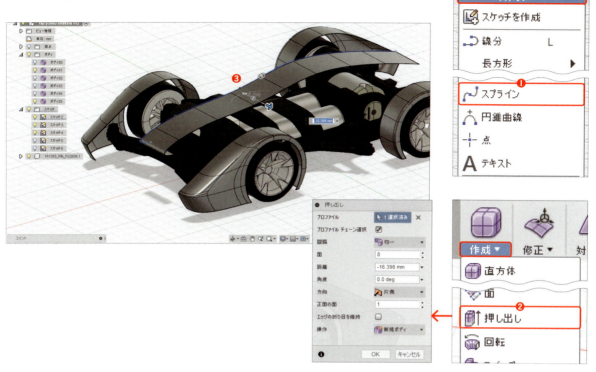

シャーシとの干渉に注意しながら、ボディの形状を作っていきます。後ほどボディに厚みを付けるため、自己交差しないよう、あまりシャープなRを作らないなどを意識します。

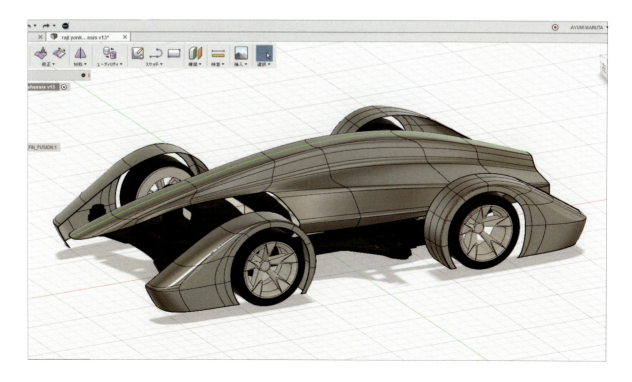

07

❶【修正】→【頂点を溶接】や❷【修正】→【ブリッジ】を使って、❸フェンダーとボディをつなぎます。その際、フェンダーとボディをできるだけ近付けると、つなげた後の形状の変化が少なくなります。

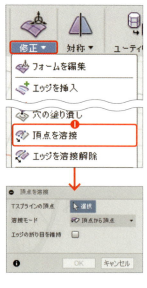

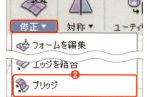

08

【スカルプト】モードでボディを作り込んでいきます。主な使用ツールは【修正】→❶【フォームを編集】、❷【頂点を溶接】、❸【折り目】など。

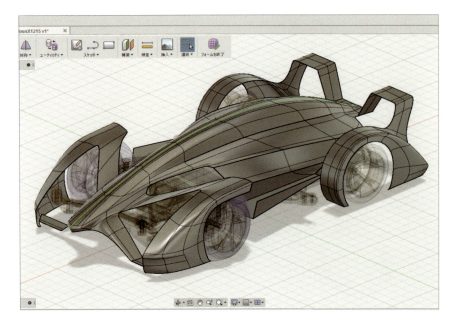

09

次に❶【修正】→【厚み】を使って、❷ボディに1.5mmから2mmほどの厚みを付けます。厚みを付け終えたら❸【フォームを終了】を選択。自己交差している場合は、厚みの内側や外側の面を❹【修正】→【フォームを編集】などで修正します。それでも自己交差している場合は、厚みを付ける前に戻って形状を修正します。

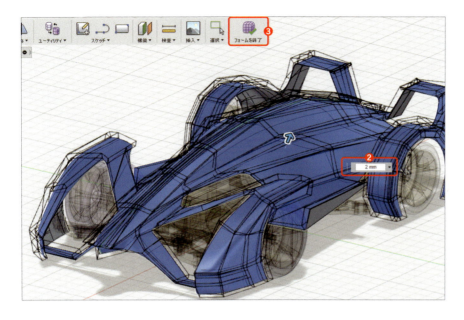

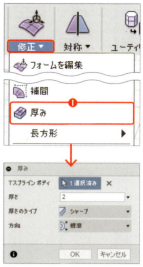

10

ここからはディテールアップの作業に移ります。ギヤカバーの干渉部分、ヘッドライトの穴などの形状を❶【モデル】で作り、穴を開ける場所に移動させたら、【修正】→❷【結合】→❸【切り取り】を実行します。

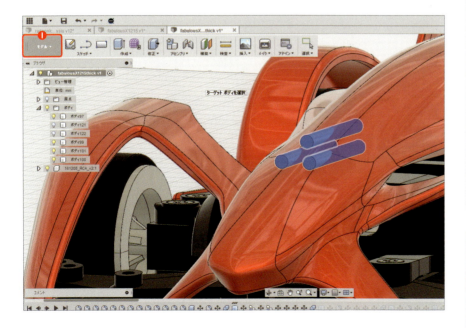

11

別パーツとなるカナードやヘッドライトなどを、ソリッドやスカルプトで作ります。

12

仕上がりのイメージを固めるため、【レンダリング】モードで素材やカラーの指定、デカール貼りなどを行います。ボディや先ほど作った別パーツに素材およびカラーを指定していきます。

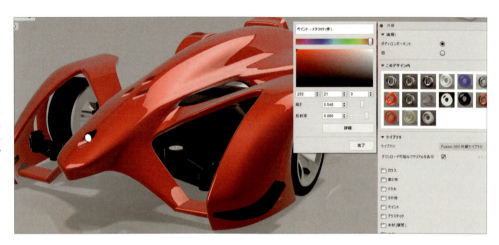

13

デカールに使用するデータは透明PNGです。私の場合は販売されているロゴデータをネットで購入し、透明PNG化はブラウザ上で変換できるサイトを利用させてもらっています。デカールサイズは、『Fusion 360』上で自由に変更できるので、特に気にする必要はありません、高解像度にするに越したことはありませんが……。

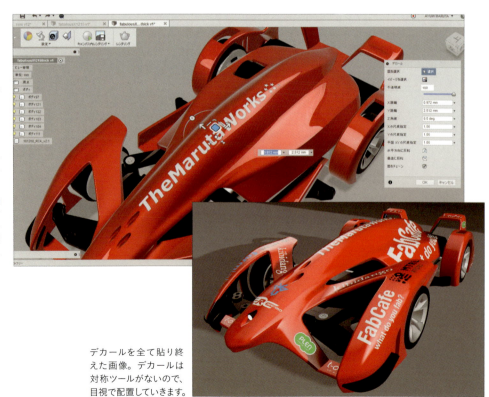

デカールを全て貼り終えた画像。デカールは対称ツールがないので、目視で配置していきます。

14

最終レンダリング画像。キャンバス内レンダリングもできますが、オンライン環境であるなら、マシンパワーに左右されず高品質のレンダリング画像を作れるため、【クラウドレンダリング】がオススメです。クラウドレンダリングであれば、レンダリング中に別作業を行えるので便利です。

15

最後に3Dプリント用にSTL化を行います。❶【モデル】モードに戻り、3Dプリントするものだけを表示。別パーツで作ったものは、❷【修正】→【結合】を使って一体化します。ボディをダブルクリックして選択後、右クリックすると表示されるメニューで❸【STL形式で保存】を選択、保存します。

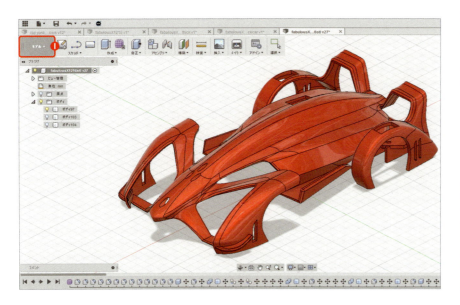

楠田 亘
Wataru Kusuda

メカトロニクスエンジニア／ロボット教室講師
株式会社フレップテック 代表取締役
http://hreptech.com
http://twitter.com/kusudawataru

PROFILE

2000年生まれ、16歳。株式会社フレップテックの代表取締役兼メカトロニクスエンジニアとして、補装具など障害者の生活を豊かにするプロダクトの開発を進めている。2010年、自律制御型ロボットを作り、TeamSanukiUDON!としてロボカップジュニアのサッカーチャレンジに初参加。翌年には全国大会で6位入賞を果たす。現在、ロボット教室の講師を務めるかたわら、デジタルファブリケーションの普及を推進する活動も行う。2017年4月にAutodesk Fusion 360 Certified Userの資格を取得。

INTERVIEW

——活動状況について教えていただけますか？

2010年、小学校3年生の時、ロボカップジュニアのサッカーチャレンジに初参加しました。当時の私にとってCADは遠い存在だったため、レゴ・マインドストームなどの市販キットを使って、主に制御の概念を学んでいました。2014年からArduinoを使ったロボットの製作を開始。当時よりシャーシなどの設計にはフリーの2D CADを使っていましたが、パーツを組み合わせた後の最終形を想像しにくかったため、頭を悩ませていました。そんな中、2015年に

自宅の作業机

切削の様子　　　　　　　　　　使用しているCNC

『Fusion 360』と出会います。同ソフトを導入したことにより、作業効率が大幅に上がりました。また自宅に導入した卓上CNCフライスを使ううえでは欠かせないCAM機能も搭載しているため、以降は同ソフトを愛用しています。
——ものづくりにおいて気を付けている点は何ですか？
拡張性を重視しています。競技ロボットを作る際、新しい機構をひとつ追加するために全ての設計を見直さなければならないこともあったため、必要に応じて仕様変更できることは非常に重要だと感じています。それ

は、現在開発しているどの補装具にも共通することです。全ての障害者が同じ補助機能を必要としているはずはなく、それぞれの状況に合わせた機能が必要になると考えています。
——あなたにとって3D CADとは、どのようなツールですか？
すでに「手の一部」を超えて「脳の一部」とでも言ったところでしょうか。NC加工機も3D CADも使っていなかった頃は、フリーハンドでシャーシを切り出すことも多かったほか、組み立てを始めてからレギュレーションのサイズをオーバーしていることに気付いたりもしました。3D CADは完成

時の形状把握や干渉チェックが容易なうえに、材料を仕入れる際の目安としても有用なツールです。
——『Fusion 360』の魅力とは？
直感的なインターフェースや充実した機能、そしてコストパフォーマンスの高さです。私が『Fusion 360』にすぐなじめたのは、小難しいコマンドや暗記が必要な操作など、煩雑な習得過程を必要としなかったことも大きいでしょう。また、CAM、シミュレーション、レンダリング、スカルプトなど、本来なら別途購入する必要があるほどの機能を統合している点には、現在も驚くばかりです。

GALLERY

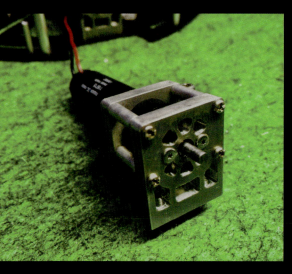

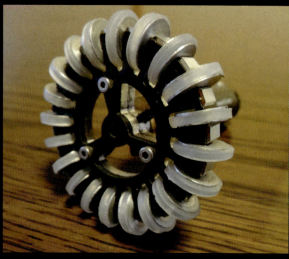

MotorHolder with Crump

クランプ方式でモーターをシャーシ板に固定します。軸部分にベアリングを入れることで、モーターによる軸への負荷を軽減しています。
素材：アルミニウム（A2017t5）、既製品ベアリング、アルミスペーサー

OmniWheel ver5 with SiliconGrip

RCJマシンのホイール。横滑りする特殊なサイドホイールを搭載することで、マシンの向きを変えずに全方向に動けるようしました。
素材：アルミニウム（A2017）、アルミニウム（A5052）、CFRP板、シリコン、ステンレス（軸）

Mainboard & BatteryCarrier

メイン基板は『AutoCAD』を使って設計、CNCで切削しました。LCDでの情報表示に対応。メインマイコンボードはArduinoDUE。『Fusion 360』で設計したポリアセタール樹脂製のケースにより、基板全体を保護しています。
素材：紙フェノール銅張生基板（t1.6）、LCD（SPI接続）、ArduinoDUE、コネクタ類、ポリアセタール樹脂

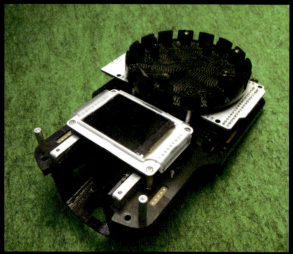

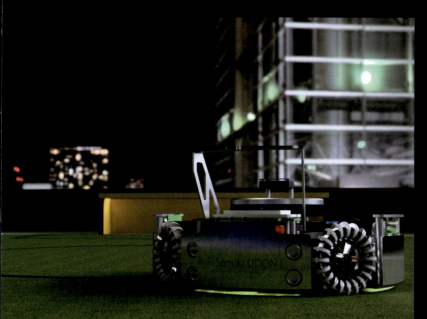

RobocupJunior SoccerMachine "Tem・Pura"

前ページに掲載した各パーツを組み合わせると、このようなマシンが完成します。ロボカップジュニ

PROCESS of WORK in Fusion 360

オムニホイールの制作

このオムニホイールは、RobocupJunior SoccerMachine "Tem・Pura" の主要パーツです。ここでは『Fusion 360』を使ったパーツのモデリングから切削、そしてモーターなどと接続し、マシンとして完成するまでの流れを、簡単に紹介します。

切削後、組み立ててマシンに搭載します。

01

直径やサイドホイールの数などを大まかに決定したら、メインホイールの外形を❶【スケッチ】で描き、❷【作成】→【押し出し】で立体化します。

02

サイドホイールの形状を描いたら、❶【作成】→【押し出し】を実行。その際、❷【操作】を【切り取り】に設定して削除します。

03

このホイールははめ込み構造になるため、❶【作成】→【押し出し】のダイアログボックスで、❷【距離】を【-2mm】に設定して、深さ2mmの大きなポケットを付けます。

04

20個のサイドホイールを作るため、ピザをカットするように20等分した形状に切り取ります。

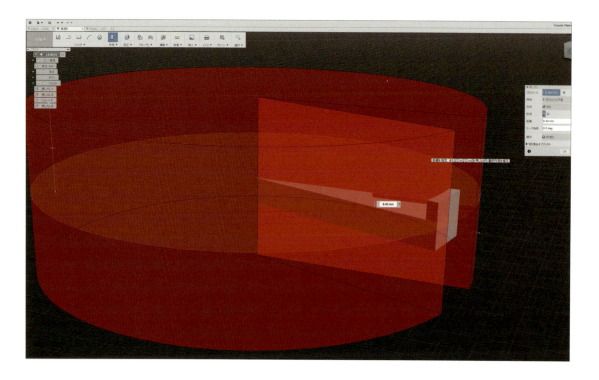

凹凸の形状にフィレットを付けます。直径2mmのエンドミル（加工用の刃物）を使うため、❶【修正】→【フィレット】を実行して、それぞれの角に1mm以上のフィレットを付けていきます。❷右の画像は、完成したサイドホイールのひとつ。20等分された形状が一旦完成しました。

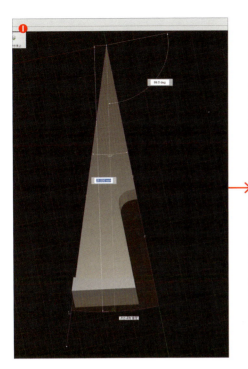
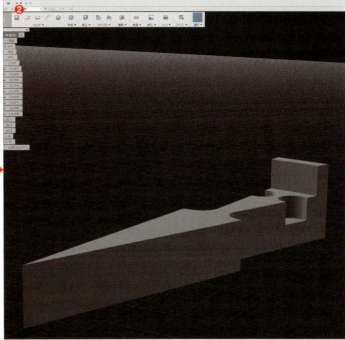

❶【作成】→【パターン】→【円形状パターン】を使って、❷ホイールの中心を基点に20個のサイドホイールを作ります。この時、パターン化されたそれぞれのボディを【修正】→【結合】を使ってひとつのボディにします。

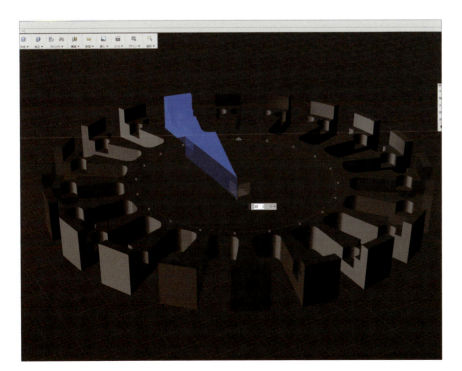

07

ここから肉抜き形状を作ります。まず、肉抜きする箇所の中心の円と最大径の円を描き、その円を3等分する直線を引きます。その後、❶【スケッチ】→【オフセット】を適用して、大体の肉抜き形状を決定。❷【修正】→【プレス/プル】で削除してから、各Z軸方向の辺に❸【修正】→【フィレット】(【判型】は【1mm】)を実行すれば、ひとつの肉抜き形状は完成です。

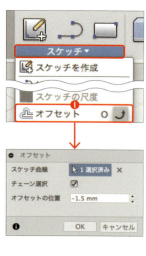

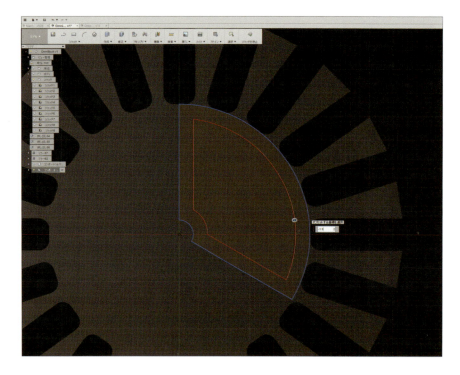

08

他の固定用のネジ穴などをあけ、先ほどの肉抜きも【円形状パターン】を用いてパターン化すれば、一旦3Dモデルは完成です。これ以降の作業は、このモデルを切削していきます。

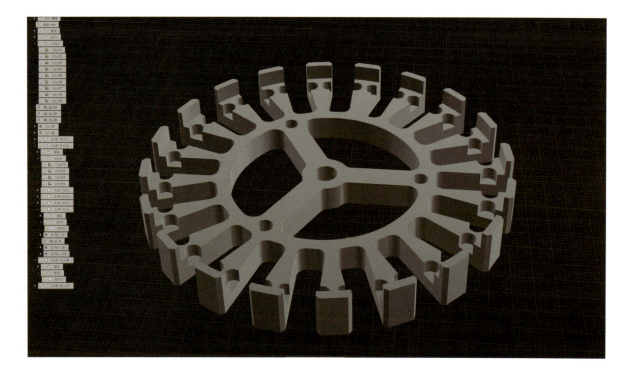

09 完成した3Dモデルを切削していきます。なお、初めて使うエンドミルで切削する場合は、最初にそのデータを作成しなければなりません。既存のエンドミルのデータを、【工具を選択】の【ライブラリ】にコピーしてから編集すれば、簡単に用意できるます。

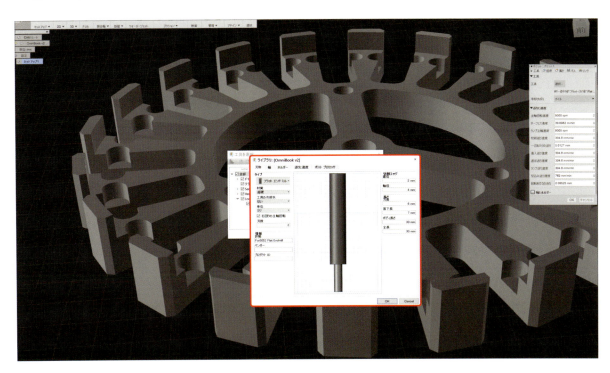

10 【セットアップ】→【新しいセットアップ】で材料の形状を指定していきます。その上で加工する際に必ず必要となってくる原点の調整も同時に行います。

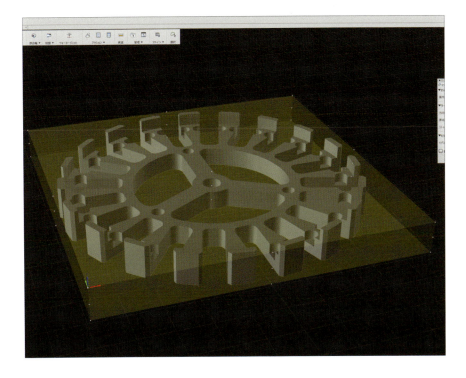

11

【3D】→【ポケット除去】を実行したら、切削速度や加工のピッチ（1回に削る深さ）などを指定して切削ルートを作っていきます。

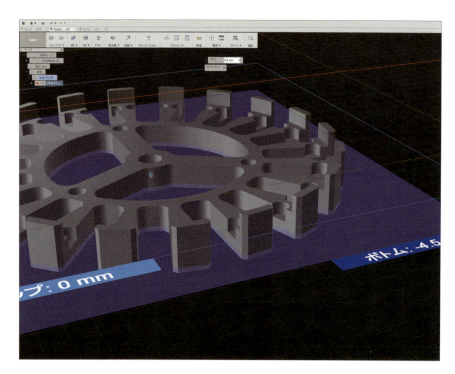

12

4個を同時に切削するルートが完成しました。

13

【アクション】→【シミュレーション】を使って、切削時のエラーや材料との意図していない衝突などを確認しておきます。この機能を使うことで、実際に切削する際、無駄にエンドミルを折らないように予防することにつながります。

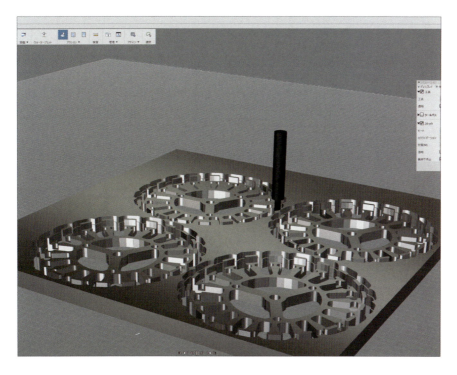

14

完成したオムニホイールをマシンに取り付けると、全体像は右下の画像のようになります。ホイールとモーターなどと接続し、マシン全体に設置します。

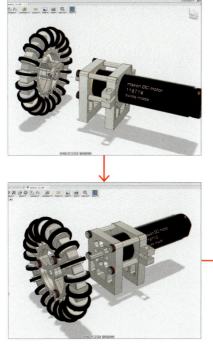

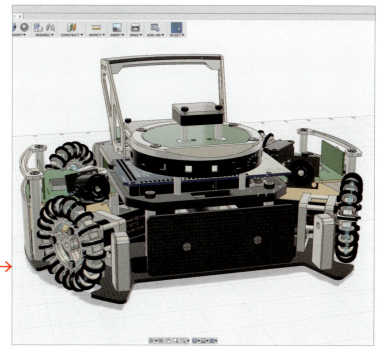

藤村祐爾
Yuji Fujimura

オートデスク株式会社 Fusion 360 エヴァンジェリスト
yuji.fujimura@autodesk.com

PROFILE

1979年生まれ。18歳の時に渡米。工業デザイン学科を卒業後、ニューヨークで工業デザイナーとして活動する。2010年に帰国。工業デザインソフトのテクニカルプリセールスを務める。現在はオートデスク株式会社にて、インダストリーストラテジー＆マーケティング『Fusion 360』エヴァンジェリストとして活動中。

INTERVIEW

——お仕事について教えていただけますか？

オートデスク株式会社で『Fusion 360』のエヴァンジェリストをしています。仕事内容としては、お客様に『Fusion 360』の情報が届くように、セミナーやトレーニング、ソーシャルメディアでの情報発信を行うほか、お客様から『Fusion 360』の機能についてのフィードバックを集めるなど、お客様が『Fusion 360』を気持ちよく使えるような環境作りを進めています。

Fabミニ四駆作品　　　　　　　　　　　　　　　　　　　　　　　　※ミニ四駆は株式会社タミヤの登録商標です。

Maker Faire Tokyo 2016 オートデスクブースにて

Fusion 360 Meetup vol.02より

——ものづくりにおいて気を付けている点は何ですか？

私はもともと工業デザイナー出身なので、いかに自分の思い描く形を立体的に表現するかを追求しています。それほどスケッチは上手ではないため、軽くスケッチをした後、すぐに『Fusion 360』のスカルプト機能などを利用して立体化して、全体のバランスを見るようにしています。その後にまたスケッチに戻ったりを繰り返しながら、かなり早い段階でレンダリングを活用してイメージを具現化していきます。

——あなたにとって3D CADとは、どのようなツールですか？

もしも3D CADが存在しなければ、自分の思い描く表現を全て手作業で行わなければなりません。デザインや設計において、もはや自分の中ではなくてはならないツールです。

——『Fusion 360』を活用する場面はいつですか？

『Fusion 360』を広める活動をする傍ら、ときどきお客様のデータを取り扱うことや、プロジェクトの中で自分でモデリングやレンダリングを行うこともあります。

——『Fusion 360』の魅力とは？

これまでさまざまな3Dソフトを使用してきましたが、私が初めて『Fusion 360』に触れた時に驚いたのは、ほとんど迷うことなくスッと使用できたことです。UIがとてもシンプルなことがそれを助けてくれます。また機能も今までのソフトの良いとこ取りをしたような感じで、1人の工業デザイナーとして凄いと感じました。最後にクラウドに慣れてしまったあと、従来の方法に戻りたくないと感じさせてくれたことも魅力のひとつです。

GALLERY

EBIQ

2009年ごろにデザインした電動自転車です。ペダルを漕ぐ力を利用して、スマホなどを充電してしまうというコンセプトです。

Humanscale
Monitor Arm M2

2006年ごろにデザインした、モニターの後ろに付けて、自由な高さや角度にモニター位置をセットできるモニターアームです。

切子
ワイングラス

ある時たまたま見かけた切子のグラスにインスパイアされて、3Dで作ったらどうなるかを実験したものです。

Wheel Rider

2008年ごろにコンセプトデザインとして作成したモノホイールの中に人が入って運転するコンセプトバイクです。

PROCESS of WORK_01 in Fusion 360

インテリアシーンの作成

『Fusion 360』は工業製品専用の設計ツールと思いがちですが、実は2D CADのDWGなどを活用することで、簡単にパースを描いたりすることもできます。ここではその一例として、インテリアシーンを作成する方法を紹介していきます。コマンドの詳細などは割愛しますが、難しいテクニックは必要としませんのでご安心ください。

ここではインテリアシーンのレンダリング設定を簡単に作成します。

01

床面積全体を【作成】→【直方体】などで簡単に表現しておき、そのサイズに対して読み込んだDWGを挿入します。データパネルからDWGを取り込み、図面の位置とサイズを調整します。注意点として、家具や配管などのデータは、線を扱って3D化する際に邪魔になるため、外壁やパーティションを残して、余計な部分（直接3D化しない部分）はあらかじめ2D CADの方で消しておきます。

【作成】→【押し出し】を利用して、壁を立ち上げます。整理された図面であれば、一度に全ての壁を立ち上げることができます。

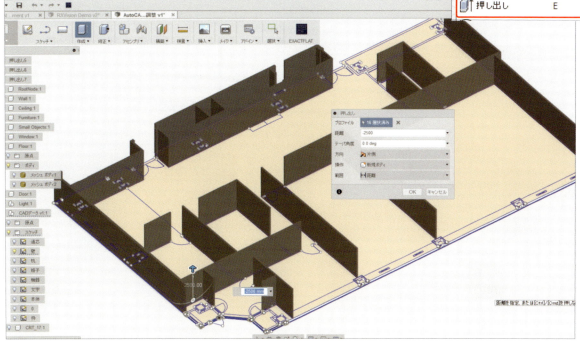

各メーカーのサイトからデータを入手するなどして、階段やドア、手すりを作成します。この段階では、ディテールを作り込む必要はありません。

最近では、インターネットで「フリー」「3Dデータ」などの単語を入力して検索すれば、著作権フリーのデータをたくさん見付けることができます。それらのデータを日頃からダウンロードしておき、小物類としてプロジェクトに保存しておけば、このようなシーンを作成する際にとても役に立ちます。

全体的にアイテムの配置も終わり、最終的なレンダリングを作成する構図が決まったら、「視点」を保存しておくことをおすすめします。【ブラウザ】の【ビュー管理】を右クリックして、【新規名前付きビュー】を選択して「視点位置」を保存します。

05 最終的なレンダリングを行う前に、何回か【キャンバス内レンダリング】を使用して、光の感じやマテリアルの色合いなどをチェックします。基本的には2〜3分待つと判別可能なくらいのクオリティになります。このインテリアシーンではこのままレンダリングをかけ続けて、ノイズが消えるまで待つとすると、3〜4時間はかかりますので、ここはクラウドレンダリングを使用して処理時間を短縮します。

06

❶【レンダリング】ボタンから【レンダリング設定】を開いて、❷【クラウドレンダラ】を選択し、書き出す画像の大きさを決定します。

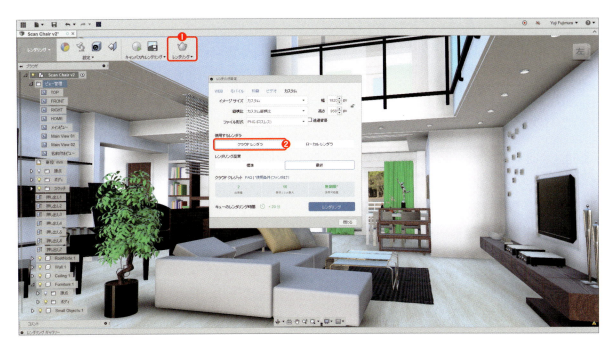

07

【レンダリングギャラリー】から画像を読み込み、問題がなければダウンロードして保存します。デスクトップに直接保存することも可能です。

PROCESS of WORK_02 in Fusion 360

電車の作成

この作品は『Fusion 360』でゼロから作成した、オリジナルデザインの車体です。初代新幹線をかなり意識してデザインしました。電車や飛行機、船など、平らな面が続くオブジェクトは、できるだけどこかにまとまったディテールを入れるように心掛けてください。全体のリアリティが増すとともに、画像としても締まります。ただ、ボディの全てがディティールで埋め尽くされていると、ぱっと見ものすごくメカメカしくなりすぎてしまいますので気を付けてください。

VR用に作成した電車のデータ。スカルプト、モデル、パッチ、レンダリングを使用。

電車の室内も合わせて作成。室内空間の場合は、いかに空気感を通して、空間の広がりを見せることができるかがキーポイントです。

01

全体のバランスを崩さないようにするため、あらかじめイメージに近い画像を集めておきましょう。側面図や上面図、正面図などを用意したら、【挿入】→【下絵を挿入】からモデリングシーンに配置していきます。

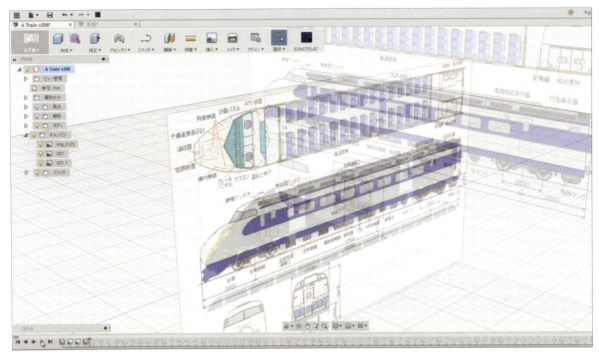

02

真っ先にボディから作成するか細かなパーツから作成するかは、いろいろと議論があると思いますが、今回は台車から作成することにしました。モデリングには「最初に大きく作って、徐々に細部を詰めていく」という作法がありますので、今回はメインのフレームと車輪を最初に作成し、後はよりリアリティが増すように、ディテールを詰めていきました。

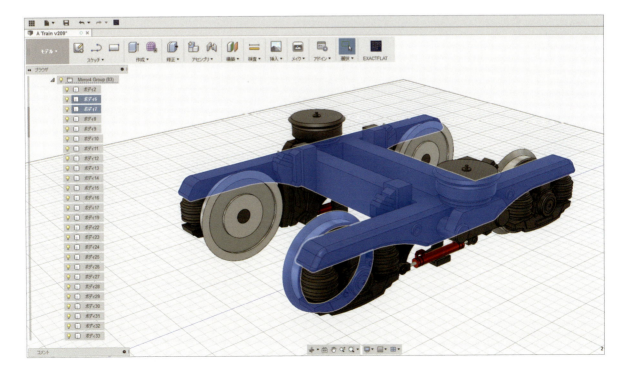

03

基本的なモデリングの考え方として、後で編集しやすいように心掛けることが大切す。しかし、今回のデータ作成の目的はどちらかというとCG寄りで、あまり細かな設計変更があるわけではないため、できるだけ手数を減らし、簡略化することを心掛けました。選択したパーツは全て回転体で作られており、コピー&ペーストして複製することが前提です。台車は基本的に【モデル】のソリッドモデリングで作成しています。メカメカしいものは、やはりソリッドが一番得意なので、逆らわずにそのままモデリングしました。

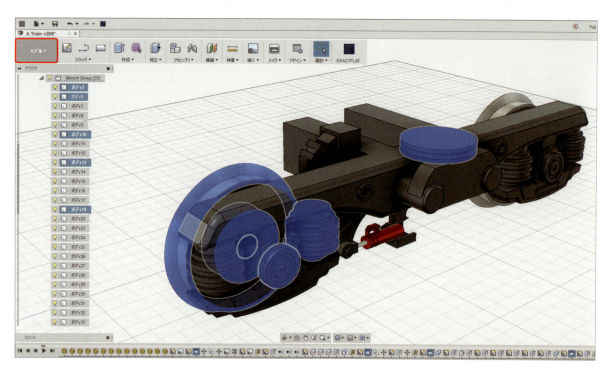

04

台車が完成したら、次はボディを作成していきます。ボディは曲面が多いため、❶【スカルプト】のポリゴンモデリングで進めていきます。まずは下絵に沿って、ざっくりと❷【作成】→【直方体】を配置します。

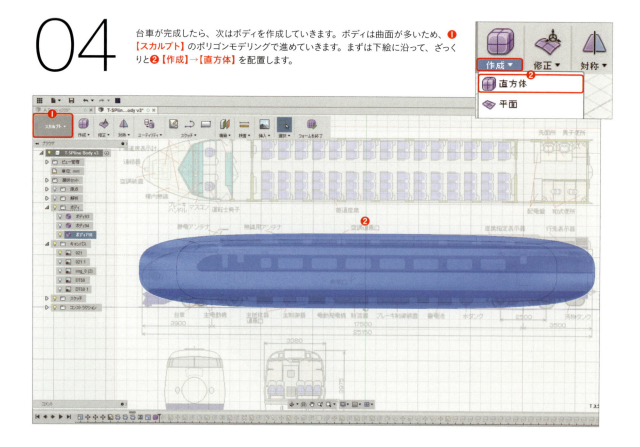

05

どのように電車としてのバランスを取っていくかが重要になりますが、最初に【修正】→【折り目】を使用してボディのエッジを折っておくと、より具体的な電車の形が見えてきます。

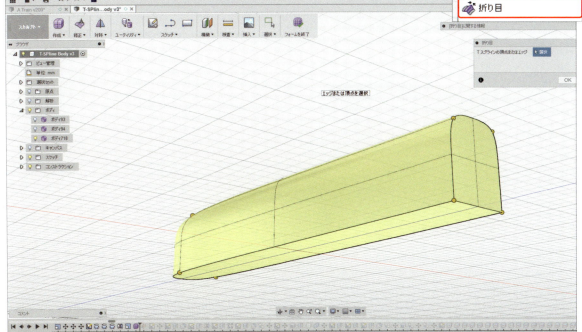

06

次に必要な部分……といってもすぐには難しいと思いますが、より細かく形状を変えていく必要があると思われる高さなどに【修正】→【エッジを挿入】を使ってエッジを追加していきます。注意点として、あまり細かくし過ぎず、最初はできるだけ少ない数で造型してください。

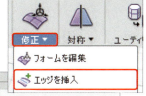

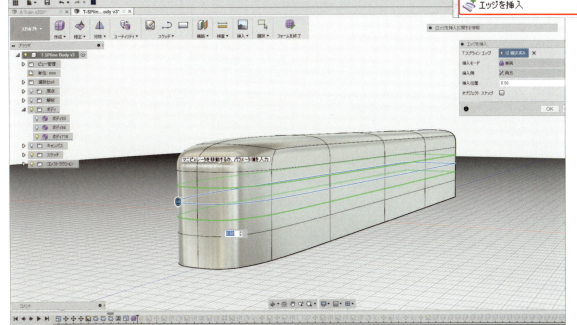

今回はこのようなスカルプトデータを作成しました。左側はスムーズ表示で、右側はボックス表示のものです。スカルプトの作業中はできるだけボックス表示で行い、ときどきスムーズ表示で形状を確認するようにしてください。ボックス表示の方が描画が簡単なため、操作も軽くスムーズです。また、できるだけポリゴンの列を乱さないように心掛けてください。

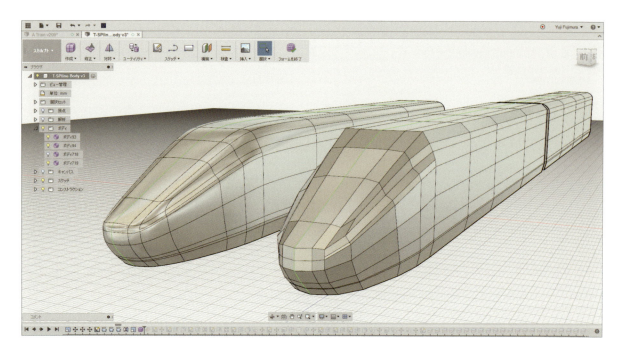

ここまで作れば、後はディテールを詰めていくだけになります。そして同時に、ある意味ここがひとつの分岐点となっており、これから先詳細を詰めていった時、「やっぱりボディの形を変えたい」と思ったとすれば、いくらモデリング履歴が残っているとはいえ、修正は非常に厄介な作業となります。おすすめなのは、この時点でレールや中間車両などもある程度は用意しておき、全体のプロポーションの最終確認を行ってください。

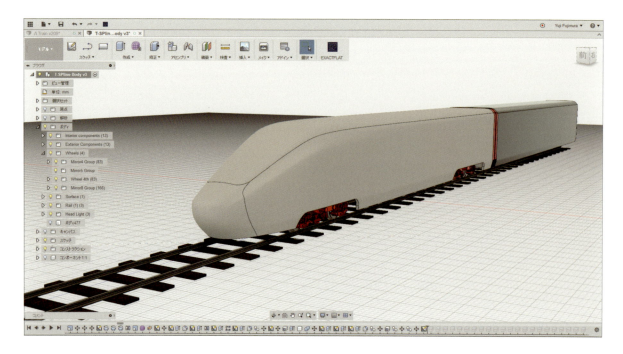

デザインのプロセスとしては、一旦ここで3Dモデリングの手を止めて、側面を撮影したスクリーンショットを用意して、『Illustrator』などの2Dソフトを使用し、グラフィックや窓の数、位置、色合いなどを簡単に書き込んでイメージを膨らませましょう。この段階で細部を確認しておけば、その後のモデリングが楽になるはずです。

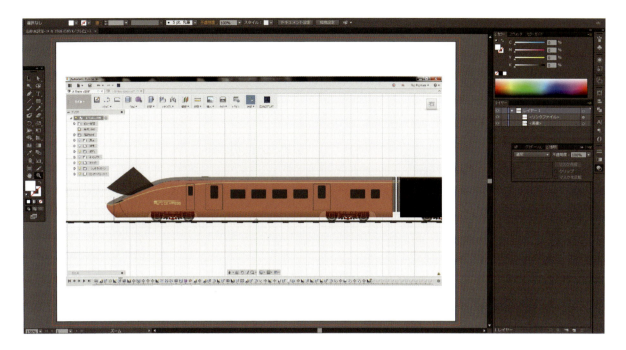

『Fusion 360』の【レンダリング】モードに移り、❶【設定】→【外観】にあるマテリアルを適用します。その後、マテリアルのサムネイルをダブルクリックして【詳細】を開き、❷【マテリアルエディタ】の【色】の右端にある三角形のオプション選択から、イメージを選択して貼り付けます。イメージのサムネイルが表示されたらダブルクリックして、マテリアルの方向や大きさを調整します。その際、❸【繰り返し】の【水平】と【垂直】は【なし】に設定したほうがうまくいきます。

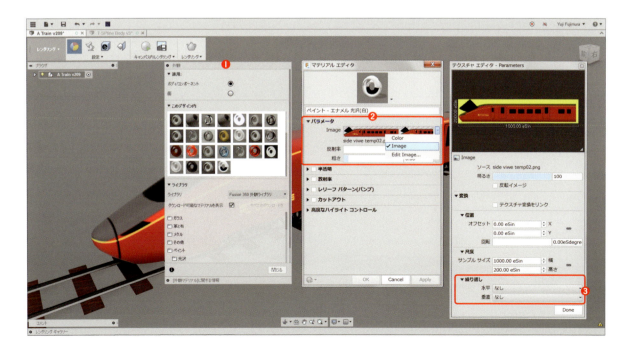

11

続いてツールバーの❶【設定】→【テクスチャマップコントロール】を活用します。❷【投影タイプ】を【平面】に設定し、投影方向の軸を選択してテクスチャの位置を整えます。

12

検討したデザインに沿って、ボディ側面に分割したい位置に合わせてスケッチを作成し、【ボディを分割】コマンドを使って窓やドアを本体から切り離します。窓やドアなど、できるだけアイコニックなパーツから切り取りを始めると、モチベーションも上がり、楽しくモデリングを進めることができます（設計とはまた別の視点ですが）。

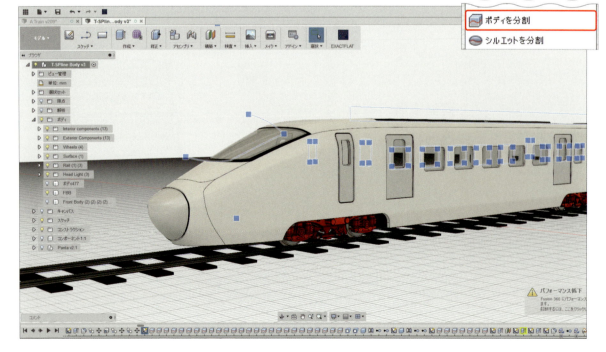

13

大きなパーツの作成が終了したら、細かなパーツの作成に入っていきます。どのような仕上がりを目指しているのかにもよりますが、一部分だけディテールが細かくなりすぎたりしないよう、程よく全体に同一レベルのディテールが入るように心掛けてください。例えば、フィレットのサイズを全て同一の値にするだけでも、全体がまとまって見えます。

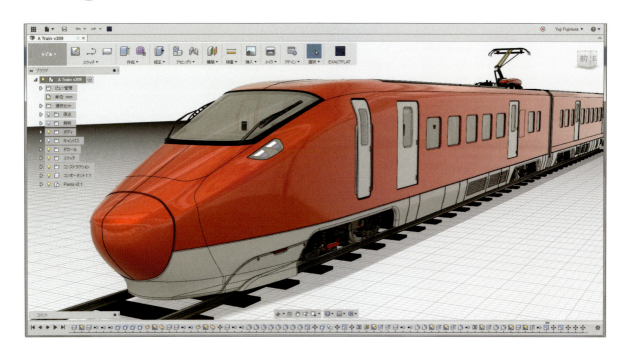

14

最後にレンダリングを作成します。高解像度のHDRIであれば、そのまま背景として使用することができます。ここでは、HDRI Locationsさんで販売されているHDRIを使用しています。

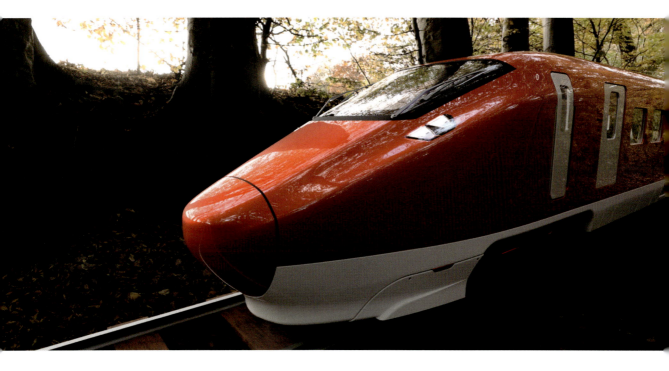

Chapter 3
Fusion 360 Partners:

ものづくりを

支える人々

本章では『Fusion 360』でビジネスをしている方、『Fusion 360』を講習会などの教材として使用している方、『Fusion 360』の販売や宣伝をしている方などを紹介しています。紙幅の都合上、全ての方を紹介することはできませんが、『Fusion 360』に関する取り組みは各地で多数行われています。ぜひ一度『Fusion 360』のイベントや講習会などを、インターネットで検索してみてください。皆様が住む地域にも頼れる方がいるかもしれません。

オートデスク認定トレーニングセンター

Autodesk Authorized Training Center

オートデスクATC事務局
E-mail：atc@myautodesk.jp

事業内容

オートデスク認定トレーニングセンター（ATC）は、オートデスクが設定した認定基準をクリアしているトレーニング提供機関です。トレーニングの質を保つために、オートデスクと共に日々取り組んでおり、専門的な知識を有したオートデスク認定インストラクターによる、質の高いトレーニングを受講することができます。また、トレーニングの受講だけではなく、一部ATCでは「オートデスク認定資格プログラム」を受験することもできます。

「オートデスク認定資格プログラム」とは、全世界共通の認定資格制度であり、オートデスク製品の機能知識および利用スキルを評価・証明できる試験です。試験は数種類あり、「Fusion 360 ユーザー試験」では3D CADを扱う学生・社会人を対象に、ものづくりの分野でのスキルアップ・キャリアアップに効果的な試験となっています。独学で『Fusion 360』を学習されている方、これから『Fusion 360』を学習してみたい方、『Fusion 360』のスキルを証明して就職に生かしたい方は、ATCを活用してみませんか？

その他の各種イベントやATCのトレーニング、認定試験等の詳しい情報は、下記Webページでご紹介していますので、ぜひご確認ください。

ATC ポータルサイト
▶ http://www.myautodesk.jp/
オートデスク認定資格プログラム TOP
▶ http://www.myautodesk.jp/certification/
Autodesk Fusion 360 Open Door Seminar
▶ http://www.biz-info.jp/Fusion360/

オートデスク認定試験無料トライアルツアー 2016-2017
▶ http://www.myautodesk.jp/tour/tour2016/
オートデスク ATC事務局 SNS
▶ Facebook：https://www.facebook.com/japan.atc/
▶ Twitter：https://twitter.com/ATC_Japan

Fusion 360に関連した活動

ATCの
トレーニング風景

操作経験・指導経験豊富なエキスパートによる『Fusion 360』のトレーニングを開催しています。ハンズオン形式で実機を操作しながら『Fusion 360』を体験、スキルを習得できます。

少人数制だから
確かな実力が身に付く

少人数制のため、『Fusion 360』を操作中の疑問点等は、すぐにインストラクターに確認できます。トレーニングでは実際に作品を制作することで、実践的なスキルが身に付きます。

Fusion 360
未経験者向けの
体験セミナーも開催

『Fusion 360』を使って3Dモデリングを体験できる「Autodesk Fusion 360 Open Door Seminar」を、全国のATCで開催しています。オートデスク認定インストラクターの指導のもと『Fusion 360』を体験・習得できるため、初めての方でも安心して受講いただけます。

SoftBank C&S
ソフトバンク コマース＆サービス株式会社
SoftBank Commerce & Service Corp.

Fusion 360 お問い合わせ窓口
E-mail：fusion360@licensecounter.jp

事業内容

ソフトバンク コマース＆サービスは、ソフトバンクの創業事業である個人および法人向けIT関連商品の流通事業を中心に、ICT関連の商品やサービスを幅広く提供しています。Autodeskのソフトウェアも幅広く取り扱っており、ビジネスユースでの『Fusion 360』の販売、保守、トレーニング、コンサルティング、ポストプロセッサ作成サービスを提供しています。

運営サイト「3D Fab」

ソフトバンク コマース＆サービスが運営する「3D Fab」は、自分のアイデアを形にしたい、デザインやものづくりの仕事で可能性を広げたい方々を応援するメディアサイトです。『Fusion 360』を活用したデザインやものづくりの基礎、事例、体験レポート、インタビューなど、さまざまな切り口で情報をお伝えします。

3D Fab
▶ http://licensecounter.jp/3d-fab/

Fusion 360に関連した活動

3D FabにおけるFusion 360関連コンテンツ

ものづくり関連の
レポートが豊富

「3D Fab」では、「Fusion 360 Meetup」や「Maker Faire」など、ものづくりに関するイベントの独自取材レポートを掲載しています。

Fusion 360の活用事例、インタビュー、イベントなどの詳細レポートをお届け

『Fusion 360』の活用事例を紹介しています。この画像は『Fusion 360』を利用したプロダクトの開発秘話、今後の展開などをクリエイターさんにインタビューした記事です。

こちらの画像は2016年12月9日に開催された「Fusion 360 Meetup vol.6」のイベントレポート記事です。

COMPANY

.Too

株式会社 Too

Too Corporation

株式会社 Too デジタルメディアシステム部
〒105-0001 東京都港区虎ノ門 3-4-7 虎ノ門 36 森ビル
TEL：03-6757-3145
FAX：03-6757-3146
E-mail：dms@too.co.jp
URL：http://www.too.com/fun/cgcad/

事業内容

　株式会社Tooはプロダクトデザイン・インテリアデザイン・グラフィックデザイン・広告・映像・出版社・印刷会社、自動車メーカーなど、デザインに携わっているお客様に対して、Macをはじめとするデジタルデザイン用機器・ソフトウェアの導入・コンサルティング・保守などを提案している会社です。また、プロフェッショナルデザインやコミック分野での業界標準ともいえる、カラーマーカー「コピック」の製造販売を行っており、2019年には創業100周年を迎えます。
　お客様にとって最適なものを選択・提案していくことで、表現したい人をサポートし、デザインの新しい価値の創造に務め、デザイン文化貢献企業を目指しています。

株式会社 Too
▶ http://www.too.com/

Fusion 360に関連した活動

無料セミナー＆交流イベント「Fusion 360×ふゅ〜じょん」

『Fusion 360』の最新アップデート情報や、実際に『Fusion 360』をお使いの方に制作現場での取り組み等をお話しいただく、弊社主催の無料セミナー＆交流イベント「Fusion 360×ふゅ〜じょん」を半年に1度開催しています。

Fusion 360 関連コンテンツ

『Fusion 360』に関する技術情報、イベント、トレーニング、体験コース等の最新情報を掲載しています。教育機関・職業訓練校向けのトレーニングなども実施しています。

▶ http://www.too.com/autodesk/fusion360/

Fusion 360 オンラインショップ

弊社オンラインショップからも『Fusion 360』をお求めいただけます。クレジットやコンビニ決済をはじめ、さまざまな決済方法に対応しております。ディスカウントもございますので、『Fusion 360』の購入をご検討の際はぜひご利用ください。

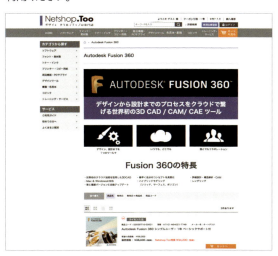

▶ http://netshop.too.com/shop/e/e20000033/

COMPANY

株式会社ボーンデジタル

Born Digital, Inc.

TEL：03-5215-8671（受付＝10:00～19:00 ※土日・祝日を除く）
E-mail：sales@borndigital.co.jp

事業内容

　デジタル映像の制作環境作りを目的に1997年に設立された株式会社ボーンデジタルは、出版部門とソフト部門の2つの顔を持つ会社です。
　出版部門はハリウッドの最新のVFX技術を紹介する雑誌『Cinefex』や『CGWORLD』を刊行するとともに、CG・映像・CADに必要なノウハウや理論を専門書として提供しています。また、ソフト事業部ではオートデスク製品を中心に、販売・各種セミナー・トレーニング・技術サポートなど、独自のサービスを展開しています。

株式会社ボーンデジタル
▶ https://www.borndigital.co.jp/

Fusion 360に関連した活動

ボーンデジタルは「オートデスク プラチナ認定パートナー」

ボーンデジタルは「オートデスク プラチナ認定パートナー」です。『Fusion 360』をはじめ、高水準のコンサルティングやアプリケーション開発、高いレベルのソリューションの専門知識、サービス、サポート、顧客満足を提供します。

Fusion 360と既存のツールを組み合わせたセミナーを開催

「デジタル造形部 〜第一回：Fusion 360™×ZBrush〜」の様子。『Fusion 360』に『Zbrush』など、既存のツールを組み合わせてより良いワークフローを探るセミナーを開催しています。

COMPANY

いわてデジタルエンジニア育成センター

Iwate-DE

〒024-0051
岩手県北上市相去町山田2-18 北上オフィスプラザ
TEL：0197-62-8080（代表）
E-mail：iwatedeinfo@iwate-de.jp

事業内容

「3Dプリンターを使って商品PRをしたいけど、どうしたらいいの？」「3次元CADを導入したいけど、どこに相談したらいいの？」「CAEをうまく活用できない」など、ものづくりにおけるお困り事はございませんか？

いわてデジタルエンジニア育成センターは、設計からデータ変換、解析、試作、加工、生産、検査にいたるまで、ものづくりにおける3次元技術を支援しています。3次元技術者の育成、3D CADモデリングや解析のサポート、データ変換、3Dプリンターでの試作、3Dスキャナーを使用した検査、現物からCADデータを作成するリバースエンジニアリングなど、3次元技術に関して、さまざまな角度からのサポートや提案をいたします。

いわてデジタルエンジニア育成センター
▶ http://www.iwate-de.jp/

Fusion 360に関連した活動

Fusion 360-CAD講習会

ソリッドモデリングからアセンブリ、図面作成など、基本的な3D CADの操作方法についての講習会を行っています。応用的な内容として、パッチやスカルプトの講習会も行っています。

Fusion 360-CAM講習会

『Fusion 360』のCAM機能について、2D加工、3D加工、ドリル、旋盤加工など、ひと通りの機能を学べる講習会を行っています。工具や切削条件の説明も行い、加工やCAMが初心者の方にも分かりやすい講習を心がけています。実際に切削機での加工実習も行っています。

Fusion 360-CAE講習会

静的応力解析、熱解析、熱応力解析、モード周波数など、『Fusion 360』のシミュレーション機能を操作しながら解析に必要な有限要素法、材料力学などの知識も学べる講習会を行っています。

子供たち向けのFusion 360体験会

『Fusion 360』のスカルプト機能を使用して、子供たちに好きなものをモデリングしてもらい、それを3Dプリンタで造形してお渡しする体験会も行っています。子供たちに人気のイベントとして、楽しんでいただいています。

3D WORKS Co.,Ltd.
3Dワークス株式会社

3D Works Co., Ltd.

TEL：03-6271-8787
E-mail：info@3dworks.co.jp

事業内容

　最新技術を誰もが使いこなせる世界を目指して、3D CAD/CAM、AI、IoTに関わるセミナーやコンサルティングの提供、『Fusion 360』の操作を解説する書籍の出版をしています。全国で定期開催中の『Fusion 360』セミナーは、ハイレベルな講師陣により、まったく初めての方から経験者まで満足いただける内容となっており、別途企業様向けのパッケージやコンサルティングもご用意しております。

　弊社が運営するポータルサイト「Fusion360 BASE」では、『Fusion 360』のコマンド一覧やチュートリアルを掲載しているほか、『Fusion 360』のスペシャリストたちがブログを更新しています。

3Dワークス株式会社
▶ http://3dworks.co.jp/
Fusion360 BASE
▶ http://fusion360.3dworks.co.jp/
Autodesk社公認のFusion360入門セミナー
▶ http://3d-printer-house.com/3dcad-campus/
スーパーアドバンスコース
▶ http://3d-printer-house.com/3dcad-super-advanced/
はじめてのCNC入門セミナー
▶ http://3d-printer-house.com/3dcam-fusion360/
BIZ ROAD
▶ http://bizroad-svc.com/

Fusion 360に関連した活動

Fusion 360ファンが集まるサイトと法人向けサービス

『Fusion 360』ファンが集まるサイト「Fusion360 BASE」（画面左下）や、法人向けサービス「BIZ ROAD」（画面右下）を運営しています。『Fusion 360』を学び始めたばかりの個人の方から、製造業で効率を上げたい企業様まで、トータルサポートさせていただいています。

セミナーやイベントも多数開催

『Fusion 360』のセミナーをはじめ、3DプリンターやCNCなどのデジタルファブリケーション機器を実際に体験できるイベントを開催しています。皆様のものづくりのお手伝いができるコンテンツを増やしています。

「設計➡製造」のトータルソリューションを提供

CAD/CAMを使用した企業コンサルの経験が豊富なスタッフにより、製造業向け大型マシニングセンタを『Fusion 360』で動かすなど、設計から製造までのトータルソリューションを提供しています。

宮本機器開発株式会社

MIYAMOTO DEVICE DEVELOPMENT CO., LTD.

TEL：050-5885-7853
E-mail：info@miyamotokiki.com

事業内容

1. 3Dプリンターを軸としたものづくりのサポート業務
・『Fusion 360』等の3D技術セミナー
・3Dデータの設計および試作
・3Dプリンターによる造形サービス
・製造技術コンサルティング
・インターネットサイトの運営
・熊本県3Dプリンター勉強会の運営

・卓上CNCフライス「KitlMill RZ300」
・ボクセルモデラ「Geomagic Freeform」
・VRヘッドセット「Oculus Rift＋Touch」

2. 充実した学習環境
　就職活動中の方やスキルアップを希望されている方を対象に、『Fusion 360』を使った3D CAD講座を実施しています。3DスキャナやCNC加工機をはじめとするデジタルものづくりについて学習できる環境が整っており、受講期間中は以下の設備を利用することができます。
・3Dスキャナー「Sense」
・3Dスキャナー「EinScan Pro」
・3Dプリンター「MF-500」
・3Dプリンター「MF-1000」

宮本機器開発株式会社
▶ http://www.miyamotokiki.com/

Fusion 360に関連した活動

九州3Dプリンタ情報局

九州における3Dプリンター・3D CADの関連情報をまとめたサイトです。『Fusion 360』の基本操作ガイドも掲載しています。

▶ http://kyushu3d.jp/

Tritem －トライテム－

3Dプリンターで製作したオリジナル商品を販売しています。商品を販売したい方はご相談ください。

▶ http://tritem.info

▶ http://www.rakuten.co.jp/tritem/

企業向け導入セミナー

広島県の呉工業高等専門学校で実施した、『Fusion 360』の企業向け導入セミナーです。

国土交通省「平成27年度テレワーク推進調査事業」で実施した、『Fusion 360』を活用した3Dプリンター技術者養成講座です。

株式会社オリジナルマインド

ORIGINALMIND.CO.JP

TEL：0266-23-8531
E-mail：pro@originalmind.co.jp

事業内容

1．小型工作機械の開発

　小さな作り手たちの前に立ちはだかる「設備投資」という壁を取り払い、無限の可能性を引き出すためには、個人でも取りまわせる工作機械がどうしても必要です。それは個人が購入できる価格で、自宅に置くことができ、取りまわしがしやすく、精度の高い優秀な工作機械です。

　私たちは創業当初より、そういった工作機械の開発をはじめ、特に2003年から販売しているデスクトップ型CNCフライスは、それまでになかった加工用ツールとして多くの作り手たちに支持されてまいりました。

2．ものづくりに必要な機器・資材の供給（販売）

　インターネットは、時間や距離を飛び越え、自宅にいながら世界中の物品を手に入れられる環境を実現させました。しかし、メカトロニクス製品はいまだに入手しづらいものばかりです。そこで私たちは、歯車や材料、切削工具、ソフトウェアなど、ホームセンターでは入手できない商品を取り揃え、「小さな作り手たち」のものづくりの可能性を広げていきます。

3．作品発表の場、交流・連携の場の提供

　小さな作り手たちによるものづくりは、いつの時代も日本中で行われていました。しかし、それらの多くは自己完結的にならざるを得なかったことでしょう。

　ところが現在、インターネットの普及により、作り手たちがつながり、高め合うことが可能になったのです。私たちは2011年よりメカトロニクス作品のコンテスト「ものづくり文化展」を開催し、以降は毎年秀逸な作品を表彰してまいりました。

株式会社オリジナルマインド
▶ http://www.originalmind.co.jp/

Fusion 360に関連した活動

KitMillで本格的な切削加工

『Fusion 360』のCAM機能と当社デスクトップCNCフライス「KitMill」はとても相性が良く、本格的な切削加工を行えます。2016年5月にFabCafe MTRLで開催されたワークショップでは、『Fusion 360』を使って、Fabミニ四駆のパーツを削り出す講習を行いました。

3Dプリンターと違って、切削加工では多くの素材を扱えるため、その素材の持つ特性を生かした作品を作ることができます。『Fusion 360』のCAM機能は細かい設定を指示できるので、曲線をなめらかに仕上げることも可能です。

当社で開発中（2017年3月時点）の射出成型機で使用する金型のモデリングとNCプログラムの作製を『Fusion 360』で行い、KitMillで加工しました。製品レベルのパーツを自宅で大量生産することも夢ではありません。

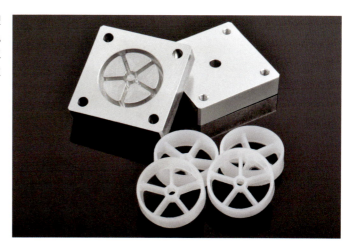

COMPANY

PLENGoer Robotics
プレンゴアロボティクス

PLENGoer Robotics Inc.

E-mail：info@plengoer.com

事業内容

プレンゴアロボティクスは1人1台ロボットを持つ世界を目指し、パーソナルアシスタントロボットの開発を行っています。今年1月にラスベガスで開催されたCES 2017にてPLEN Cubeを発表し、クラウドファンディングサイト「Kickstarter」では3日間で目標額を達成するなど、人気を集めています。

プレンゴアロボティクスではフランス、アイルランド、マレーシア、中国などさまざまな国からロボットに関心を持つ人材が集まり、開発チームを結成しています。

プレンゴアロボティクス
▶ http://plengoer.com

開発中のパーソナルアシスタントロボ「PLEN Cube」の試作機。

Fusion 360に関連した活動

デザインの共有

『Fusion 360』を使ってメカエンジニアとデザイナーが同じデポジトリーを共有することで、外観に合わせた機構の製作や機構の要望に合わせた外観の修正を簡単に行なえます。例えば、散熱穴を新しく開けることになった際には、基盤の位置を3Dデータ上で共有しながら外観のデザインを修正することができました。

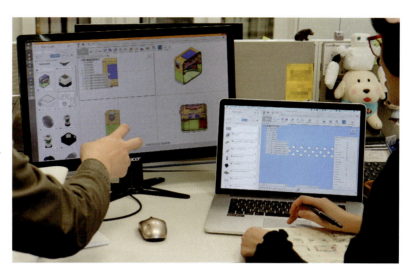

レンダリング

素材の検討も『Fusion 360』で行っています。素材ライブラリには普段使いの樹脂、ゴム、木から、液体、発光物（LED）まで用意されており、色とパターン配置の変更も簡単にできます。

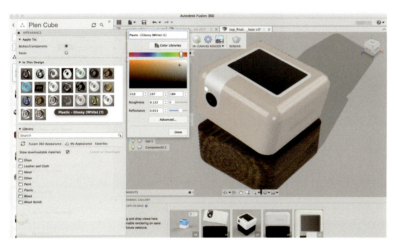

オープンソースロボット・PLEN

プレングループでは、『Fusion 360』を使ってPLEN用のパーツを制作するワークショップを、年に数回開催しています。

PERSON

関屋多門

Tamon Sekiya

オートデスク株式会社
アプリケーションエンジニア

オートデスク製品を使って、オリジナルデザイン＆ハンドメイドの椅子「arch chair」を、年に1脚のペースで製作するのがライフワーク。当初は『Alias』や『123D Make』を使っていましたが、現在はコンセプトから切削まで、全てを『Fusion 360』でこなしています。

INTERVIEW

——お仕事について教えていただけますか？

米国の美術大学で工業デザインを学んだ後、カリフォルニアのデザインオフィスでプロダクトデザイナーを務めていました。帰国後、エイリアスやオートデスクの技術営業担当として、デザイン業および製造業の皆様に貢献できるよう、オートデスク製品を提案してきました。現在は『Fusion 360』の技術担当を楽しんでいます。

——ものづくりにおいて気を付けている点は何ですか？

一言で言うと「long-lasting design」です。製造業に関わるものを売る人間としては、逆説的な考え方かもしれませんが、可能な限り長持ちするもの、一生使い続けられるもの、テクノロジーに左右されないものを作りたいと常に思っています。飽きることのないデザイン、愛し続けられるデザイン、使う人がものを大事にするデザインを心掛けています。

——『Fusion 360』の魅力とは？

オートデスクの社員だから言うわけではありませんが、工業デザイナーやプロダクトデザイナーの多くの方が、こんなツールを待ち望んでいたのではないかと正直に思います。ツールに左右されない操作性、自分の思い描いているデザインを容易に形にできる点が、『Fusion 360』の最大の魅力でしょう。今後、世の中の製造業が大きくそのワークフローを変えていく中で、クラウドベースの3次元ツールは、製造業において必須のツールになるはずです。また、デザイナーや設計者がストレスを最小限に抑えながら業務に活用できる点も、大きなメリットになると思います。

GALLERY

t1

立体感が特徴の"t1"は、スカルプトモードの折り目機能を使って制作。他にはないポリゴンチックな形状ですが、耳に触れる箇所は自然な曲面にするなど、掛け心地には配慮しました。切削加工での細かな表現にも気を配っています。

PERSON

水野諒大

Ryodai Mizuno

九州大学大学院 芸術工学府
デザインストラテジー専攻 修士1年
ファブラボ太宰府スタッフ
E-mail：ryodai.mizuno@gmail.com

3D CADの利点は、紙の上のスケッチとは違って、すぐに3Dプリンターで出力して形にできることです。SWELLは実際に形にして、粉末の溶け方の実験を通じて改良を重ねました。

オートデスクが主催するデザインコンペのアジア大会で、日本代表として参加した九州大学チームが優勝した時の写真（左から小川慧、水野諒大、河野圭紀）。

INTERVIEW

——活動状況について教えていただけますか？
現在はプロダクトデザインを専門に学んでいる大学院生です。学部の卒業研究では、将来3Dプリンターが製品の製造に使われるようになることを想定した、プロダクトデザインの研究をしました。またアルバイトでは、ファブラボというデジタル工作機械を備えた市民工房でスタッフをしたり、個人的にデザインの仕事を受けたりもしています。大学院修了後は、文具や家具を製造するメーカーでプロダクトデザイナーとして働く予定です。
——ものづくりにおいて気を付けている点は何ですか？
独り善がりにならないようにしています。ものづくりやデザインは、アートではありません。自分を表現するのではなく、プレゼントを選ぶ時のような気持ちで、相手を想うことが大切だと考えています。そのためにユーザーと共に考え、よりオープンな開発プロセスによって、群衆の知恵を活用することを意識しています。
——『Fusion 360』の魅力とは？
クラウドベースなので、離れた場所にいる人との共同プロジェクトでも、画面やデータを簡単にシェアできることです。形状をソフト自身が生み出すジェネレーティブデザインの機能も、今後さらに盛り込まれていくようです。最新の考え方に基づいたソフトだと思います。

GALLERY

SWELL

スプーンやマドラーを使わずに、粉末を溶かせるグラス。内部の隆起と飲み口付近の折り返しにより、粉末を効果的に勢いよく混ぜられます。例えばココアなら20秒以内に溶かすことが可能です。

AUTODESK CREATIVE DESIGN AWARDS
グランプリ

飲み口の断面。

底面。

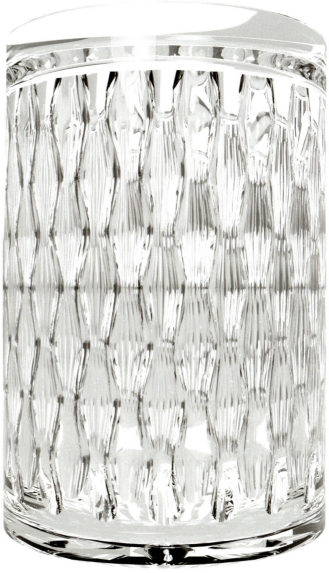

魚に優しい網

今まで魚を網ですくうという行為を躊躇なく行なっていましたが、自分が魚だったらどう感じるのか考えてみました。急に空気中へ移されるということは、もちろん息ができない苦しさもありますが、それ以上に大きな恐怖を感じるでしょう。愛する魚にそんな恐怖を与えたくないとの思いから、この網を作りました。

LOFT & Fab Award 入選

PERSON

仙頭邦章

Kuniaki Sento

株式会社Xenoma
Mechanical Designer
URL（Xenoma）：https://xenoma.com/
URL（個人）：http://gutto-works.com/

ものづくりをするためのオフィスを個人的に借りており、そこで試作やデータの修正などをしています。

直感的にビューを変更できる3Dマウス。左手に3Dマウスがないと落ち着かないほど愛用しています。

INTERVIEW

――お仕事について教えていただけますか？

株式会社Xenomaにて、機械設計のエンジニアとして開発に携わっています。副業も許されているため、他のハードウェアベンチャーからご依頼いただいた試作品の製作などもしています。

――ものづくりにおいて気を付けている点は何ですか？

3Dモデルの作成中に設計意図からずれないよう、完全拘束することに気を付けたり、後で変更する可能性が大きい筐体の厚みや高さなどを『Fusion 360』の【パラメータを変更】に登録しておき、いつでも簡単に変更できるように設計しています。また、完成したものが設計値通りになっているか、きちんと計測するようにもしています。

――『Fusion 360』の魅力とは？

リンク機構を設計する際、実際に想定通りに動くかどうかを【ジョイント】で確認できる点が非常に便利です。また、構想が固まっていない段階では履歴を残さない設定にしておき、Tスプラインを使って素早くイメージを形にできる点も気に入っています。さらに、保存したデータの履歴が全て残っており、以前のデータに簡単に戻せる点も重宝しています。解析やCAM機能に関しては、他のソフトの場合は少し形を変えただけでもイチから設定し直す必要があるのですが、『Fusion 360』の場合は形を変えても再設定が簡単なので、頻繁に形を変えながら検証しています。

GALLERY

航空機のガスタービンエンジン（2014.8）

独立したばかりの頃、ポートフォリオ用に作ったエンジンの3Dモデルです。

T-Rex（2015.8）

モーターが駆動すると顎と目が動く機構になっています。Tスプラインやモーションリンク、CAMなど『Fusion 360』の機能をフルに活用した作品。骨格のモデリングは仙頭邦章、機構の設計は高橋義樹が担当しました。

※以下のWebサイトでダウンロード可能です。
https://gallery.autodesk.com/fusion360/projects/t-rex

e-skin（2017.3）

株式会社Xenomaの製品であるe-skinは、試作や治具などの設計に『Fusion 360』を活用しています。

Autodesk Expert Elite

Autodesk Expert Eliteは、世界各国のオートデスクユーザーの中でも、知識の共有や拡散、フォーラム内での解決策の提示などで活躍する、貢献度の高い方を評価するために設立されたプログラムです。

Autodesk Expert Elite

小原照記

Teruki Obara

いわてデジタルエンジニア育成センター 副センター長兼主任講師
〒024-0051 岩手県北上市相去町山田2-18 北上オフィスプラザ
TEL：0197-62-8080（代表）
E-mail：teruki@iwate-de.jp
URL：http://www.iwate-de.jp

Home3Ddo
▶ http://home3ddo.blog.jp
『Fusion 360』の使用方法やモデルの作成例、小技・裏技などを紹介しています。

テルえもんチャンネル
▶ http://fusion360.3dworks.co.jp/teruemon/
テルえもんクエストのコーナー。2次元図面から3次元モデルを作る問スター（問題）を出題しています。

活動内容

岩手県北上市にあるいわてデジタルエンジニア育成センターで、3D CADやCAE（シミュレーション）、CAM、3Dプリンター、3Dスキャナーなどのデジタルツールを活用できるエンジニアの育成と、企業の支援やサポートを行っています。『Fusion 360』は安価なので企業も導入しやすく、その豊富な機能を仕事に生かすことができるでしょう。まずは『Fusion 360』の良さを知ってもらい、より高付加価値のあるものを作ってもらえるよう、セミナーなどを開催して普及活動をしています。

また、一般の方たちにもものづくりの楽しさを知ってもらうため、3Dプリンターなども活用した3Dを体験できるセミナーも開催。地方でもできること、地方だからできることを考えて日々活動しています。

それらの活動のほかに『Fusion 360』について書いているブログ「Home3Ddo」や「テルえもんチャンネル」を運営していますので、ぜひ見にきてください。

Autodesk Expert Elite
三谷大暁

Hiroaki Mitani

3Dワークス株式会社（3D WORKS Co., Ltd）
最高技術責任者
E-mail：info@3dworks.co.jp

マレーシアのFab Space KLで行った『Fusion 360』の講習の様子。

本書212ページ掲載のアルミ切削ミニ四駆制作時の様子。

活動内容

『Fusion 360』を核とした企業向けサービス「Biz Road」の提供、書籍『Fusion 360 操作ガイド』シリーズの販売、トレーニングセミナーの開催、ポータルサイト「Fusion 360 BASE」の運営などを行っています。そのほか、3Dプリンターや3Dスキャナーを組み合わせたスタートアップの支援や、デジタルとアナログを組み合わせたこれからの新しいものづくりについて、全国で講演を行うこともしばしばです。

専門的で難しく、かつてはごく一部の人しか扱えないと言われていたデジタル技術が、最近は身近になってきました。その一方、それを安価で学べる場所や学校はまだまだ少ないのが現状です。特に日本ではソフトウェアを導入すること、使うこと、学ぶことについて、まだまだ軽視している傾向があります。ものづくりのひとつの道具として、『Fusion 360』のような3D CADがもっと身近になるよう活動を続けています。

Autodesk Expert Elite

Autodesk Expert Elite
神原友徳

Tomonori Kanbara

ブロガー＆クリエイター
Twitter：@tomo1230
Facebook：https://www.facebook.com/tomo1230

3Dモデリングによる3Dデータの活用法とデジタル・ファブリケーションの実践！
▶ http://blog.goo.ne.jp/t2com1230
デジタル・ファブリケーションの最新動向や実践情報の発信をしています。扱う分野は3Dプリント、CNC、3D CAD、3D CG、VR、AR、デジタル音楽制作、AIロボット製作、プログラミングなど。

Fusion 360 日本語コミュニティフォーラム
▶ https://forums.autodesk.com/t5/fusion-360-ri-ben-yu/bd-p/707
フォーラムでの活動も趣味の一環です。開設された2015年10月以降の全期間において、貢献度の高さは常に上位にランクされています。回答される有志の方も増えており、サポート体制も万全になっていますので、ぜひお気軽にご活用ください。

▌活動内容

専門はITエンジニアですが、2013年の3Dプリンターブームを切っ掛けに3D CADに興味を持ち、趣味として使い始めました。半年後、まだ英語のベータ版だった『Fusion 360』を知り、履歴機能もあることから「これだったら十分に使える」と思って飛び付きました。きれいな3次元画像を簡単に作れるレンダリング機能には、真っ先にはまりました。当時は日本語の情報は皆無だったため、インターネット上にある英語の情報を集めて独習しながら、自分のブログでシェアし始めました。日本語コミュニティフォーラムの開設後も『Fusion 360』ユーザーのスキルアップのため、蓄積してきたノウハウを還元すべくボランティアサポート活動を積極的に行っています。

また、クリエイターとしても3Dプリントモデル投稿サイトを拠点にして、楽しく面白いものをモットーに作品を創作したり、CAM機能でCNC切削をやったりと、趣味で『Fusion 360』の活用法をいろいろ研究しています。

あとがき

「Fusion 360 Masters」はいかがでしたでしょうか？　ご購入いただいた皆様にご満足いただけましたら幸いです。

　この本を作り上げるためには、著者の皆様をはじめ、パートナーの皆様、本書制作スタッフの皆様のご協力なくしてはなし得えませんでした。ここに感謝の意を示すとともに、『Fusion 360』というひとつのソフトをご利用、ご選択いただいたことを大変嬉しく思います。

　私自身『Fusion 360』というツールを通して大変多くの方々とお会いし、共に興奮したり、時には残念な思いをしたりすることもあります。そういった、単なるツールの操作という枠を超えて、人と人がつながり、さらなるものづくりの高みへと進んでいってくださる姿を見られることが、この仕事の最高の楽しみです♫

　ぜひ今後とも『Fusion 360』をご愛用いただくと共に、私を見かけましたら迷わずお声がけください。同時にその際にはぜひ作品を拝見させてください。「Fusion 360 Masters」の第2弾の企画は、この本の完成時から始まっています！

　次はあなたがMastersに名を連ねているかもしれません！

オートデスク株式会社
Fusion 360 エヴァンジェリスト
藤村祐爾

FUSION 360™ Masters

STAFF

デザイン	PiDEZA Inc.
編集協力	山下浩一朗
プロデュース	藤村祐爾

Fusion 360 Masters
フュージョン スリーシックスティ マスターズ

2017年5月10日　初版 第1刷発行
2017年11月30日　初版 第2刷発行

編著者	オートデスク株式会社
発行人	柳澤淳一
編集人	久保田賢二
発行所	株式会社ソーテック社
	〒102-0072 東京都千代田区飯田橋4-9-5 スギタビル4F
	電話（注文専用）03-3262-5320 FAX 03-3262-5326
印刷所	大日本印刷株式会社

©2017 Autodesk Ltd. Japan & Masato Akiba & Giichi Endo & Takehiko Ogami & Yuki Ogasawara & Takaharu Kanai & Wataru Kusuda & Yuya Kumagai & Tetsuya Konishi & Tatsuhiko Sekiya & Manabu Tago & Yuki Tsuboshima & Yuji Fujimura & Ayumi Maruta & Hiroaki Mitani & Satoshi Yanagisawa & Keiichi Yamaguchi & Yasuhide Yokoi All rights reserved.
Printed in Japan
ISBN978-4-8007-1163-2

本書の一部または全部について個人で使用する以外著作権上、株式会社ソーテック社および著作権者の承諾を得ずに無断で複写・複製・配信することは禁じられています。本書に対する質問は電話では受け付けておりません。また、本書の内容とは関係のないパソコンやソフトなどの前提となる操作方法についての質問にはお答えできません。内容の誤り、内容についての質問がございましたら切手・返信用封筒を同封のうえ、弊社までご送付ください。
乱丁・落丁本はお取り替え致します。

本書のご感想・ご意見・ご指摘は、http://www.sotechsha.co.jp/dokusha/ にて受け付けております。
Webサイトでは質問は一切受け付けておりません。